Grundlagen linearer Antriebstechnik

Grob GmbH Antriebstechnik (Hrsg.)

Grundlagen linearer Antriebstechnik

Hubgetriebe, Stellantriebe und
Elektrohubzylinder

 Springer Vieweg

Herausgeber

Gerhard Pfeil

Grob GmbH Antriebstechnik

Eberhard-Layher-Straße 5

74889 Sinsheim

Autor

Philipp Schmalzhaf

Co-Autor

Ruben Disterheft

Gerhard Pfeil

ISBN 978-3-658-03148-0   ISBN 978-3-658-03149-7 (eBook)
DOI 10.1007/ 978-3-658-03149-7

Die Deutsche Nationalbibliothek verzeichnet diese Publikation in der Deutschen National-
bibliografie; detaillierte bibliografische Daten sind im Internet über http://dnb.d-nb.de ab-
rufbar.

Springer Vieweg
© Springer Fachmedien Wiesbaden 2013

Gedruckt auf säurefreiem und chlorfrei gebleichtem Papier

Springer Vieweg ist eine Marke von Springer DE. Springer DE ist Teil der Fachverlagsgruppe
Springer Science+Business Media
www.springer-vieweg.de

Danksagung

Ein Fachbuch wie dieses kann nur mit der Unterstützung vieler verschiedener Menschen geschrieben und gestaltet werden. Erst die Mischung macht dieses Buch zu einem nützlichen und guten Handbuch. Deshalb geht dieser Dank an Ruben Disterheft, der maßgeblich an der Recherche und Ausformulierung im Handbuch beteiligt war. Weiterhin ein besonderer Dank an Svenja Krotz, die für die Gestaltung der Abbildungen, Formeln und Tabellen verantwortlich war. Eugen Reimche, Volker Mayer und Gerhard Pfeil haben mich vor allem bei technischen Gesichtspunkten des Handbuchs sehr unterstützt.

Das Erscheinungsdatum war ursprünglich angesetzt auf November 2013. Da aber alle Beteiligten außerdem noch im Tagesgeschäft eingebunden waren, konnte dieses Handbuch nicht immer zeitnah mit höchster Priorität versehen werden. Dass wir trotz dieser Zusatzbelastung, ein technisches Handbuch entwickelt haben, und das mit nur 2 Monaten Verspätung, sehe ich als großartige Teamleistung.
Vielen Dank dafür.

Inhaltsübersicht

Piktogrammverzeichnis

 P1: Info

 P2: Aufgabenstellung/Problemstellung

 P3: Onlinehinweis

 P4: Warnhinweis

 P5: Konstruktionshinweis

 P6: Berechnung/Auslegung

 P7: Spartipp/Wirtschaftlichkeit

 P8: Lösungshinweis

 P9: Praxishinweis

 P10: Merksatz

 P11: Checkliste

Doppelhubgetriebe für Richtmaschinen

Für eine spezielle Kundenanwendung hat die Firma GROB ein Getriebe mit zwei Hubspindeln entwickelt. Vorteil dabei ist, dass die doppelte Traglast aufgenommen werden kann, da in einem Getriebe zwei unabhängige Spindelsysteme integriert sind. Gleichzeitig wird für beide Systeme nur eine Schneckenwelle verwendet, was im Bezug auf Platzverhältnisse enorme Einsparungen verspricht.
Durch unser technisches Konstruktionsbüro sind wir in der Lage, Kundenwünsche optimal zu erfüllen. Testen auch Sie uns!

Leistungsdaten:

Last pro Spindel:	385.000 N
Gehäuse:	Sondergehäuse Stahlguss GS-52
Übersetzung:	32:1
Spindel:	TR 80x12
Special feature:	zwei unabhängige Spindelsysteme mit einer Schneckenwelle

1 Allgemeine Informationen zur linearen Antriebstechnik

Inhalt

1.1   Einleitung

Dieses Handbuch bietet Mitarbeitern von Konstruktions- und Planungsabteilungen die Möglichkeit einer übersichtlichen Bewertung und Auslegung von linearen Antriebskomponenten sowie fundamentale technische und wissenschaftliche Erklärungen über physikalische Vorgänge beim Einsatz von elektromechanischer Antriebstechnik (EMAT). Das Handbuch umfasst dabei Formeln zur Auslegung von Hubgetrieben und –anlagen, Tabellen zur Auswahl von Parametern und Erfahrungswerte, die dazu beitragen sollen, Komponenten der Antriebstechnik richtig zu dimensionieren. Zusätzlich werden übersichtliche Darstellungen und Visualisierungen sowie praktische Beispiele und Versuchsergebnisse aus langjähriger Erfahrung aufgeführt.

Nachdem die Fachliteratur sehr viel über die Einzelthemen wie Dynamik, Kinematik, Statik und Maschinenelemente abhandelt, die sich alle mehr oder weniger mit physikalischen und statischen Details des Fachgebietes der elektromechanischen linearen Antriebstechnik befassen, soll dieses Handbuch alle wesentlichen Einzelthemen zu einem übersichtlichen Werk als „Handbuch der elektromechanischen linearen Antriebstechnik" zusammenfassen und damit die Suche nach Eigenschaften, Auslegungen und Berechnungen in verschiedenen Fachbüchern erübrigen.

1.2   Wissenswertes

Die Basis bildet dabei nicht nur die technische Informations- und Firmenpolitik der Firma Grob, sondern es schließt auch übergreifende Problematiken der Material-, Umwelt- und Verfahrenstechnik in die physikalischen Grund- und Auslegungsbedingungen ein. Dadurch können Fehler oder kritische Punkte bei der Auslegung von linearen Antriebselementen schon im Vorfeld erkannt und vermieden werden.

Der Bedarf an EMAT wächst durch die stetige Verbesserung der verschiedenen Antriebskomponenten immer mehr an, sodass dem Anwender eine große Auswahl an unterschiedlichen Funktionsprinzipien und Typen zur Verfügung steht. Die Schwierigkeit besteht darin, das passende Produkt für seine Anwendung zu finden. Dieses Handbuch hat sich zur Aufgabe gemacht, sowohl neuen als auch erfahrenen Konstrukteuren die Auswahl der Produkte zu erleichtern und als

detailliertes Nachschlagewerk eine optimale Lösung der Aufgabenstellung in möglichst kurzer Zeit umsetzbar zu machen.

Eine der ersten Überlegungen einer Aufgabenstellung gilt zweifellos
der Frage nach der passenden Grundlösung. Hier konkurrieren die
drei verschiedenen linearen Antriebssysteme Hydraulik, Pneumatik
und Elektromechanik, wobei jedes System spezielle Eigenschaften
besitzt und sich somit, je nach Anwendungsfall, als idealer Lösungs-
partner anbietet. Um einen Vergleich zu erhalten, werden die Vor-
und Nachteile der Systeme kurz beschrieben und in einer Übersicht
dargestellt.[1]

1.3 Auswahlkriterien

1.3.1 Hydraulische lineare Antriebe

Hydraulik ist neben der Pneumatik ein Teilgebiet der Fluidtechnik[2].
Der Begriff Hydraulik kommt aus dem Griechischen. Hier wurde in
den Anfängen Wasser (griech.: Hydror) als Energieübertragungsme-
dium eingesetzt. Heutzutage werden zur Energieübertragung unterschiedliche Flüssigkeiten (= Fluide) verwendet, wobei im Vorfeld
durch Pumpen mechanische Energie eingeleitet wird.[3]

Der allgemeine Begriff Hydraulik beinhaltet die Lehre vom Gleichgewicht einer Flüssigkeit, welche als „Hydrostatik" bezeichnet wird.
Die Lehre der Bewegung einer Flüssigkeit unter Einfluss von Kräften wird durch „Hydrodynamik" beschrieben[4]. Beim Einsatz von
hydraulischen Anlagen in der Antriebstechnik handelt es sich um
hydrodynamische Vorgänge. Als Flüssigkeiten werden überwiegend mineralische Öle verwendet, wobei in Sonderfällen wie z.B.
in Schwimmbädern oder in umweltgefährdeten Zonen immer noch
Wasser als Druckmedium dienen kann.

Die herausragenden Eigenschaften von hydraulischer Antriebstechnik liegen vor allem in **hochdynamischen** Anwendungen, d. h. es
können **große Lasten mit hoher Geschwindigkeit** bewegt werden.

---

1   Siehe Kapitel 1.4. „Fazit der Bewertungen der unterschiedlichen Antriebssyste-
     me" Tabelle 1.1
2   Nach DIN ISO 1219
3   Mit Änderungen entnommen aus: GROLLIUS S. 11
4   Mit Änderungen entnommen aus: WILL/GEBHARDT S. 1

Auch hohe **stoßartige Belastungen** können durch Hydraulikzylinder gut kompensiert werden, da die Flüssigkeiten eine abfedernde Wirkung haben. Mit einem Wirkungsgrad von über 80 % können hohe Einschaltdauern realisiert werden, was in Bezug auf Energieeffizienz geringe Reibungsverluste bedeutet.

Die **Schwierigkeit** bei einem Einsatz von Hydraulikzylindern liegt vor allem darin, **eine Synchronisation** von **mehreren Zylindern** zu erzielen. Bei ungleicher Lastverteilung ist ein Gleichlauf nur mit sehr hohem technischen Zusatzaufwand realisierbar. Weiterhin besteht eine hohe **Leckagegefahr** und eine damit verbundene **Umweltverschmutzung** durch die Ölfüllung. Neben geschultem Fachpersonal sind ein **hoher Wartungsaufwand** und ein **erhöhter finanzieller Aufwand** für Steuerung und Regelventile erforderlich, was dann zu einem unwirtschaftlichen Zusatzaufwand führen kann. Wird der Zylinder sowohl mit Zug- als auch Drucklast betrieben, muss mit abweichenden Druckverhältnissen gerechnet werden, da sich das Volumen im Zylinder oberhalb und unterhalb der Hubstange ändert. Dies gilt auch für pneumatische Antriebe, da das Wirkungsprinzip ähnlich ist.

Bild 1.1
Wirkungs-
prinzip eines
Hydraulik-
zylinders

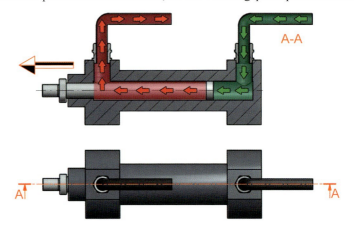

1.3.2 Pneumatische lineare Antriebe

Als zweite Komponente der Fluidtechnik wird die Pneumatik in der Antriebstechnik eingesetzt. Die pneumatische lineare Antriebstechnik wird im Allgemeinen als „Drucklufttechnik" bezeichnet, da als

Fluid hauptsächlich **komprimierte Luft** verwendet wird. Pneumatische Anlagen lassen sich in drei Druckabstufungen unterteilen:

- Niederdruckbereich: bis 1,5 bar
- Normaldruckbereich: 1,5 bar bis 16 bar
- Hochdruckbereich: ab 16 bar

Der größte Teil der Druckluftanlagentechnik wird im Normaldruckbereich betrieben. Erfahrungsgemäß liegt bei 6 bar der Punkt, bei dem am wirtschaftlichsten gearbeitet werden kann.

Die Vorteile pneumatischer Antriebstechnik sind, wie auch bei hydraulischen Antrieben, die **hohen Geschwindigkeiten.** Mit Standard-Hubzylindern lassen sich ohne Weiteres Geschwindigkeiten von 1m/s realisieren, Spezialzylinder erreichen sogar noch höhere Geschwindigkeiten. Im Gegensatz zur Hydraulik ist die Pneumatik, durch das Energie-Übertragungsmedium Luft, absolut **umweltschonend.** Aufgrund dieser Umweltverträglichkeit können auch längere Wege über Rohrleitungen realisiert werden und kleinere Leckagen führen nicht zur Verschmutzung der Umwelt oder zum Ausfall der Anlage. Hier muss aber beachtet werden, dass durch die austretende Luft, welche im Vorfeld durch mechanische Arbeit komprimiert wurde, auch Energie verloren geht. Der Umgang mit Drucklufttechnik ist wesentlich einfacher und es wird kein speziell geschultes Personal benötigt.

Problematisch beim Umgang mit Pneumatik ist, wie bei hydraulischen Antrieben, dass unterschiedliche Belastungen zu unterschiedlichen Geschwindigkeiten führen und ein **Gleichlauf mehrerer Hubzylinder nur schwer** zu erreichen ist.[5] Weiterhin können durch pneumatische Antriebe keine so hohen Lasten bewegt werden wie bei hydraulischen oder elektromechanischen Antrieben.

Eine gewisse Überschneidung in der Bewertung zur elektromechanischen Antriebstechnik ist vor allem bei Direktantrieben mit Kugelgewindesystemen gegeben, zumal ebenso hohe Werte für Hubgeschwindigkeit und Einschaltdauer erzielt werden können.

---

5   Entnommen aus: GROLLIUS S. 11

Bild 1.2
Ausschnitt
von Pneuma-
tikzylinder.
Das Wir-
kungsprinzip
entspricht den
Hydraulik-
zylindern.

1.3.3 Elektromechanische lineare Antriebe

Unter diesem Fachbegriff versteht man eine rotierende Kraft bzw. ein Drehmoment, welches über eine mechanische Übersetzung in eine lineare Kraft umgewandelt wird und damit axiale Zug- und Druckkräfte ausübt. Dabei wird häufig ein Motor mit einer Spindel verbunden und durch eine Drehbewegung angetrieben. Die Steigung der Spindel bewirkt eine translatorische Bewegung der Mutter oder, durch Einspannen der Mutter, auch der Spindel.[6]

Der herausragende Vorteil gegenüber der Fluidtechnik ist die Möglichkeit, mit geringem Aufwand einen **absoluten Synchronlauf mit einem einzigen Antrieb** zu erreichen. Dadurch können Plattformen oder Hubbühnen, selbst bei ungleich verteilter Last, ohne zusätzliche Steuerungseinheiten zur Synchronisation, betrieben werden. Die eingesetzten Einheiten können zusätzlich mit einer Trapezgewindespindel[7] versehen werden, wodurch bis zu einem bestimmten Steigungswinkel **Selbsthemmung** gegeben ist, d. h., auch bei Ausfall des Antriebs wird sich die Hubanlage nicht in axialer Richtung bewegen. Anbauteile und Typenvielfalt machen das Getriebe zu einem **universell einsetzbaren Bauteil** im Außenbereich, in ATEX-Zonen[8],

---

6   Mit Änderungen entnommen aus: KIEF, ROSCHIWAL S. 217
7   Siehe auch Kapitel 3 „Bewegungsspindeln und Muttern"
8   **AT**mosphéres **EX**plosibles, bezeichnet Zonen in denen Explosionsgefahr nach EN 1127-1 besteht. Geräte in diesen Bereichen müssen der europäischen Richtlinie 94/9/EG entsprechen.

in der Lebensmittelindustrie, im Off-Shorebereich und weiteren Bereichen.

Die Nachteile der EMAT werden vor allem in Standardausführungen
mit Schneckengetriebe und Trapezgewindespindeln mit Selbsthemmung deutlich. Da das Wirkungsprinzip auf Reibung basiert, ergeben sich **geringe Wirkungsgrade** und damit hohe Leistungsverluste.
Die daraus resultierende Erwärmung führt bei anhaltendem Betrieb
zu Überhitzung und folgend zu vorzeitigem Ausfall. Um eine lange Lebensdauer zu erreichen, müssen ausreichende Stillstandszeiten
eingeplant werden. Durch die Reibflächen können Lasten lediglich
mit **geringer bis mittlerer Geschwindigkeit** verstellt werden, was
häufig ein Ausschluss-Kriterium in der Automatisierungstechnik
darstellt.[9] Weiterhin sind Spindelhubsysteme besonders **anfällig für
Verschmutzung und Radialkräfte.** Es muss ein erhöhter Aufwand
für Spindelschutz und konstruktive Anpassungen am Gesamtsystem
zur Vermeidung von Querkräften eingeplant werden.

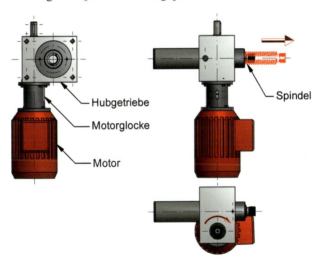

Bild 1.3
Vollständige
Hubeinheit
mit Motor
und axial
hebender
Spindel

---

9   Auslegung siehe auch Kapitel 4 „Standardhubgetriebe"

1.4 Fazit der Bewertungen der unterschiedlichen Antriebssysteme

1.4.1 Auswahl anhand der Einsatzmöglichkeiten

Hydraulische lineare Antriebstechnik spielt ihre Vorteile im Außeneinsatz, bei großen Hubgeschwindigkeiten, hoher Einschaltdauer, hohen Tragkräften infolge kleiner Bauteilabmessungen und großer Öldrücke sowie bei mobilen Einsatzbedingungen aus.

Pneumatische lineare Antriebstechnik hat ihren Schwerpunkt hauptsächlich in der Automationstechnik und bei Sonderlösungen des Maschinen- und Apparatebaus, wobei Druckluft als Medium zur Verfügung stehen sollte.

Elektromechanische lineare Antriebe dienen im allgemeinen Maschinenbau mit seinen vielfältigen Hubgetriebegrößen und Varianten als universelle Lösungsmöglichkeit, speziell bei kleinen und mittleren Geschwindigkeiten, einem erforderlichen genauen Synchronlauf der Hubgetriebe sowie bei unterschiedlichen Belastungen innerhalb eines Hubsystems. Nachdem auch eine Vielzahl an Antriebsmotoren zur Verfügung steht und da der Steuerungs- und Verkabelungsaufwand technisch sowie wirtschaftlich nicht besonders hoch ist, nimmt die Stellung der elektromechanischen linearen Antriebstechnik konstant weiter zu.

Tabelle 1.1 Direktvergleich von Pneumatik, Hydraulik und elektromechanischer Antriebe[10]

	Elektromechanische Antriebe	Hydraulische Antriebe	Pneumatische Antriebe
Hubgeschwindigkeit	Geringe bis mittlere	Hohe	Hohe
Gleichlauf	Sehr einfach und mit geringem Aufwand zu realisieren	Hoher technischer Zusatzaufwand	Hoher technischer Zusatzaufwand
Wirkungsgrad	In Standardausführung von 10 % bis 40 %	Zwischen 80 % und 90 %	Zwischen 75 % und 90 %
Wartungsaufwand	Gering	Sehr hoch	Hoch
Umweltverträglichkeit	Mittel	Gering	Hoch

---

10 Sonderausführungen der Bauteile können Eigenschaften verändern (bsp. Wasser als Druckmedium ist sehr umweltverträglich)

1.4.2 Auswahl anhand ökologischer und ökonomischer Gesichtspunkte

Spielt die technische Umsetzung einer Antriebslösung eine untergeordnete Rolle und der Anwender hat keine konkreten technischen Vorgaben bezüglich des Systems, kann der Energieeinsatz ein weiteres Entscheidungskriterium sein. Dabei geht es nicht nur um die Betrachtung der Wirkungsgrade im Hubsystem, sondern um den **Energiebedarf im Gesamtsystem.** Aufgrund aktueller Studien wurden zwischen Pneumatik, Hydraulik und Elektromechanik erhebliche Unterschiede in der Energiebilanz festgestellt. Wird in einem Direktvergleich für die Elektromechanik stellvertretend für den Energieeinsatz ein Faktor von 1 angenommen, so ergibt sich laut Studie bei Hydraulik ein Faktor von 4,4 und bei Pneumatik ein Faktor von 10,3. Auch wenn die Anschaffungskosten von Elektromechanik über denen hydraulischer oder pneumatischer Komponenten liegen, so wird doch durch die geringeren Betriebskosten früher eine Amortisation erreicht.[11]

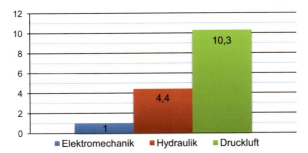

Bild 1.4 Direktvergleich von Pneumatik, Hydraulik und Elektromechanik anhand des Energiebedarfs.

1.5 Ausblick – Schubketten und Spiralift

Um die EMAT als Ganzes abzurunden, wird hier auf weitere Antriebssysteme verwiesen: Schubketten und Spiralifte. In diesem Handbuch wird nicht weiter auf die Thematik dieser Systeme einge-

---

11   Mit Änderungen entnommen aus: HESSELBACH

gangen, wobei sie aber auf jeden Fall die Hubgetriebe sinnvoll ergän-
zen. Aufgrund des Umfangs dieses Handbuchs und der Grundlagen,
die für Hubgetriebe bereits benötigt werden, sollen die Schubketten
und Spiralifte zu einem späteren Zeitpunkt mit technischen und wirt-
schaftlichen Grundlagen näher erörtert werden.

Bild 1-5
Schubketten
für Druck- und
Zuglasten ein-
setzbar

Bild 1-6
Spiralift -
lineare Hub-
bewegung mit
minimalem
Einbauraum

1.6   Literatur

GROLLIUS, Horst-W.   „Grundlagen der Hydraulik", München: Carl
                        Hanser Verlag, 2008

HESSELBACH,   „Wesentliche Rolle – Enorme Einsparungspo-
Jens (Prof.)   tenziale durch elektromechanische Antriebe", in:
                        Antriebs Praxis, Ausgabe 03/13

KIEF, Hans B.;   „NC/CNC Handbuch – CNC, DNC, CAD, CAM,
ROSCHIWAL, Helmut A.   CIM, FFS, SPS, RPD, LAN, NC-Maschinen,
                        NC-Roboter, Antriebe, Simulation, Fach- und
                        Stichwortverzeichnis", Aufl. 2007/08, München:
                        Carl Hanser Verlag, 2007

WILL, Dieter;   „Hydraulik – Grundlagen, Komponenten,
GEBHARDT, Norbert   Schaltungen", 5. Aufl., Heidelberg: Springer
                        Verlag, 2011

Rednerpodest im IMAX 3D-Kino Sinsheim

Für Großveranstaltungen mit Redner kann im IMAX 3D-Kino ein Rednerpodest aufgestellt werden. Dies geschieht über vier in Reihe geschaltete Hubgetriebe. Durch Zubehörteile wie Kardanplatten werden die Hubgetriebe zu einem schwenkenden Linearantrieb, wodurch Seitenkräfte auf die Spindel unterbunden werden und zusätzlich noch eine Schwenkbewegung mit beliebigem Winkel realisiert werden kann.

Leistungsdaten:

Baugröße:	MJ3
Belastung Hubanlage:	30.000 N
Hubgeschwindigkeit:	53 mm/min
Hub:	900 mm
Special feature:	schwenkbare Ausführung

2 Komponenten der elektromechanischen linearen Antriebstechnik

Inhalt

2.1 Spindelsysteme mit Bewegungsgewinde

Die einfachste Form zur Erzielung einer linearen Bewegung geschieht mit Hilfe einer Drehbewegung und einer Bewegungsschraube. Im Allgemeinen wird diese als „Spindel" bezeichnet und mit einem robusten Trapezgewinde ausgestattet, welches sowohl Zug- als auch Druckkräfte übertragen kann. Neben dem **Trapezgewinde** nach DIN 103 hat sich auch eine nur einseitig belastbare Gewindeform etabliert, die als **Sägengewinde** nach DIN 513 bezeichnet wird und speziell bei hohen Belastungen und Kräften Anwendung findet. Da sich beide Gewindearten in eingängiger Ausführung nur für geringe bis mittlere Hubgeschwindigkeiten eignen und zudem, wie in Kapitel 1.3.3 „Elektromechanische lineare Antriebstechnik" erwähnt, einen ungünstigen Wirkungsgrad von ca. 10 % bis 40 % besitzen[1], wurde eine Gewindeart bzw. ein Spindelsystem entwickelt, welches mit einem Wirkungsgrad von über 90 % für hohe lineare Geschwindigkeiten und eine hohe Einschaltdauer, besser geeignet ist. Es handelt sich dabei um **Kugelgewindesysteme**. In der Praxis findet man die vorstehend beschriebenen Bewegungschrauben (Spindeln) als Einzelantriebe und als Komponenten in einer Vielfalt von Antriebssystemen wie bspw. Hubgetriebe, Hubzylinder, Lineareinheiten, Stellantriebe etc. wieder.

Bild 2.1 Schnittbild der gängigen Gewindearten für elektromechanische Linearantriebe

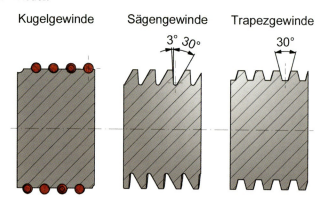

Kugelgewinde   Sägengewinde   Trapezgewinde

---

1   Der Wirkungsgrad hängt ab von der Gewindesteigung, nach Formel 3.9 in Kapitel 3.4.3, und dem Gewindereibwinkel, welcher sich aus der Werkstoffpaarung ergibt, nach Tabelle 3.4 in Kapitel 3.4.4

Neben der technischen Auslegung bezüglich Statik und Dynamik der vorstehend genannten Spindelsysteme finden Sie in Kapitel 3 „Bewegungsspindeln und Muttern" auch Angaben über die Herstellung, Genauigkeit sowie die physikalischen Eigenschaften der bevorzugt verwendeten Spindelmaterialien.

2.2 Führungssysteme

Da Spindelsysteme nur axial belastbar sind und somit **auf Seitenkräfte** äußerst **empfindlich** reagieren, bedarf es einer Konstruktion von Führungssystemen, welche die sechs Freiheitsgrade auf lediglich einen beschränken[2] und damit sämtliche nichtaxialen Kräfte von den Spindeln fernhalten. Möglich sind dabei Eigenkonstruktionen, die lediglich den Zweck der Führung erfüllen, oder aber speziell dafür ausgelegte Linearführungen, die durch Rollreibung einen Wirkungsgrad von >90 % besitzen, wodurch der Leistungsverlust am Führungssystem minimal ausfällt. Um eine funktionsfähige Lösung, bestehend aus einem Spindel- und Führungssystem, zu konstruieren, sollte darauf geachtet werden, dass **keine Überbestimmung im Gesamtsystem** entsteht[3], d. h., das Führungssystem übernimmt die Führung und das Spindelsystem die Hubarbeit. Andernfalls ergeben sich erhöhte Kräfte im Hubsystem, was zu erhöhter Reibung und Leistungsaufnahme führt und somit die Funktionalität der Anlage gefährden kann.

Bild 2.2
Mögliches Führungssystem zur Vermeidung von Querkräften auf die Spindel

---

2   Mit Änderungen entnommen aus: KÜNNE S. 384
3   Siehe auch Kapitel 2.3 „Lagersysteme"

2.3   Lagersysteme

Um die axiale Bewegung von Lasten und Kräften mittels Spindel- und Führungssystemen zu ermöglichen, ist die Auswahl von geeigneten Lagern oder Lagersystemen erforderlich. Während bei Hubgetrieben die Axial- und Radiallagerung der Spindel einen festen Bestandteil der Konstruktion bildet, ist bei Eigenkonstruktionen ohne Hubgetriebe die Statik und Dynamik der Bauteile „Spindel – Lagerung – Führung" so aufeinander abzustimmen, dass funktionell die gleichen Auslegungskriterien gelten und die erforderlichen Lebensdauerwerte von allen Bauteilen erfüllt werden. Ganz besonders muss bei der Lagerauslegung auf die strikte Trennung des Konstruktionsprinzips **„Fest- und Loslagerung"** geachtet werden, um eine Überbestimmung im Lagersystem zu vermeiden. Wird dies nicht berücksichtigt, kann es im System zu Verspannungen kommen und damit die Lebensdauer stark reduzieren.

Bild 2.3
Prinzip von
Loslager und
Festlager

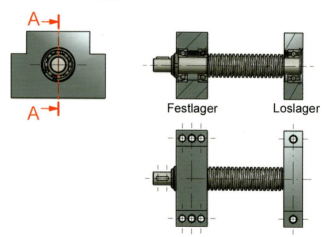

Bei der Bewertung der Lebensdauer ist es wichtig, die jährlich anfallende Betriebszeit zu erfassen und die Auslegung der effektiven Lebensdauer einer Maschine oder Anlage auf mindestens 10 Jahre festzulegen, sofern vom Betreiber keine eigenen Vorgaben bestehen. Zur Auslegung von Lebensdauer sind in Kapitel 3.5.3 „Lebensdauerabschätzung" weitere Grundlagen zu finden.

2.4 Komplette Hubanlagen

Um komplette Hubanlagen (Systemlösungen) planen und auslegen zu können, bedarf es einer Vielzahl von Überlegungen, Festlegungen und Vorprüfungen. Die Anlage kann weitestgehend durch die aufgeführte Checkliste eingegrenzt werden. Die folgenden Punkte dienen als Hinweise zur Erfassung der im Regelfall auftretenden Kriterien einer Hubanlage.

- Erfassung aller **technischen Auslegungsdaten für die Anlage** wie Kräfte, Hubgeschwindigkeiten, Hublänge, Einschaltdauer und Umgebungstemperaturen, wobei die Kräfte nach der vorliegenden Belastungsart (dynamisch/statisch) und Richtung (Zug/Druck) zu erfassen sind.

- Unterliegt die Hubanlage bestimmten Vorschriften, wie Hebebühnen, nach EN 1570, EN 280, EN 1756, EN 1493 (ehemals VBG 14), oder Bühnen und Studios, nach BGV C1 (ehem. VBG 70)?

- Müssen die einzusetzenden Antriebselemente mit bestimmten **Materialien und Zeugnissen sowie Abnahmeprüfungen** (z.B. DIN EN 10204 2.2, 2.3 oder 3.1B usw.) ausgestattet sein?

- Unterliegt die Hubanlage und ihre Antriebselemente der **ATEX-Richtlinie** 94/9/EG für explosionsgefährdete Räume?

- Stellen **Umwelteinflüsse**, wie Einsatz im Freien, Schmutzanfall, Eis, Schnee, Hitze, Kälte, Seeluft und Seewasser, sowie der geografische Standort besondere Anforderungen an die Materialien?

- Welche **Gebrauchsdauer** der Anlage wird erwartet oder vorausgesetzt?

- Bestehen Vorschriften über die **Verfügbarkeit** der Anlage?

- Sind **Vorschriften über Schmierstoffe** und deren Unbedenklichkeit zu beachten oder sind Vorgaben über leckagesichere Antriebselemente gefordert?

- Wird die Hubanlage unter **außergewöhnlichen Bedingungen** wie Begrenzung eines bestimmten Geräuschpegels, radioaktive Strahlung, Erdbebengefährdung, Stoßbelastung usw. betrieben?

2.4.1 Verteilergetriebe (Kegelradgetriebe)

Diese Getriebe sind Komponenten mit der Aufgabe, mehrere Hubgetriebe, die **nicht in einer Achse** angeordnet sind, zu **synchronisieren,** und dienen außerdem zur **Drehmomentumlenkung** vom Antrieb bis zur Spindel bzw. zum Hubgetriebe. Die Umlenkung erfolgt hier durch Kegelräder. Auch in diesem Fall ist neben der Prüfung der zulässigen technischen Daten die Einhaltung von zusätzlichen Bedingungen, wie in der Checkliste beschrieben, zu beachten. Die Auslegung von Verteilergetrieben hängt ab von der Drehzahl, der zu wählenden Untersetzung und dem anliegenden Drehmoment. Nachfolgend sind die Standardtypen aufgeführt, wobei die Unterscheidung in der Fähigkeit, Drehmomente zu übertragen, deutlich wird.

Tabelle 2.1   Maximales Moment für Verteilergetriebe

Getriebetyp V	65	90	120	140	160	200	230	260	350
M_{max}[1] in Nm	25	105	220	430	660	1090	1500	2310	5400

[1] Maximales abgehendes Drehmoment. Bei steigender Drehzahl, Temperatur und Einschaltdauer an der Antriebswelle oder höherer Übersetzung muss das Drehmoment reduziert werden.

Über Leistungstabellen sowie die erforderlichen Betriebsfaktoren kann eine Auslegung der erforderlichen Getriebegröße durchgeführt werden. Für einen Festigkeitsnachweis genügt es in der Regel, die zulässigen Betriebswerte der Herstellerunterlagen zu beachten, da der Getriebe- und Verzahnungsauslegung ein Lebensdauerwert von 25 000 Betriebsstunden zugrunde liegt. Ferner ist zu berücksichtigen, dass beim Einsatz von Drehstrom- und Servomotoren ein kurzzeitiges 1,3-faches Moment während des Anlaufs auftritt und diese Stoßbelastung in der Regel von der Verzahnung des Kegelradgetriebes aufgenommen werden muss.

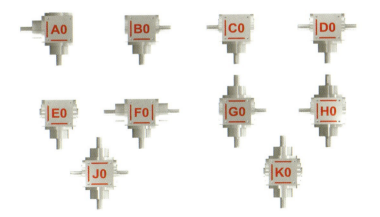

Bild 2.4
Mögliche
Umlenkungen
bei Verteilerge-
trieben zur
Synchroni-
sation von
Hubanlagen

2.4.2 Gelenk-, Verbindungswellen und Kupplungen

Diese Verbindungselemente haben die Aufgabe, die auftretenden
Drehmomente zwischen den einzelnen Hub- und Kegelradgetrieben
sowie des Antriebsmotors **kraft- und formschlüssig zu übertragen.**
Zusätzlich sind diese Bauteile ergänzend zu den Verteilergetrieben
zur Synchronisation der Hubgetriebe im Einsatz. Aus Tabellen der
Hersteller können die maximalen Drehmomentwerte und Betriebsfaktoren ausgelesen werden[4]. Da die Verbindungswellen und andere
Verbindungselemente nur minimale Verdrehwinkel aufweisen ($\frac{1}{4}°$
pro laufenden Meter) und außerdem mit hohen Sicherheitswerten gegen Bruch ausgelegt sind, reichen Hinweise auf die Einhaltung dieser
Vorgaben bei Festigkeitsnachweisen in der Regel aus, um die erforderliche Betriebssicherheit zu bestätigen.

Weitere technische Details sowie die zugehörigen Tabellen sind in
Kapitel 8 „Verbindungswellen und Kupplungen" aufgeführt.

---

4   Die gängigen Größen und Ausführungen sind in den Herstellerunterlagen hinter-
     legt

2.4.3 Antriebsmotoren, Steuerungen und Überwachungsgeräte

Zum Antreiben und Steuern einer Hubanlage kommt eine große Auswahl an Komponenten in Frage, wobei diese ebenfalls den Anforderungen der Checkliste unterworfen sind. Die Auslegung der Komponenten und Motoren erfolgt generell gemäß den Regeln nach VDE[5] sowie den Betriebsarten für elektrische Maschinen und Geräte.

2.4.3.1 Antriebsmotoren

Der Antriebsmotor einer Hubanlage sorgt für das benötigte Drehmoment, welches die Last verstellt. Dabei gibt es eine Vielzahl unterschiedlicher Antriebsmöglichkeiten, um Drehzahl, Leistung, Stromaufnahme, Anbau etc. zu variieren.

Weitere Informationen, wie die Berechnung der Antriebsleistung, Unterscheidung der Motorensysteme, liefert Kapitel 10 „Antriebsmotoren".

2.4.3.2 Überwachung der Hubanlage

Überwachungsgeräte wie Endlagen-, Stillstands-, Drehzahl- und Lastwächter können zur **Betriebs- und Ausfallsicherheit von Hubanlagen** einen wesentlichen Beitrag leisten. Sofern Endschalter zum Einsatz kommen, ist darauf zu achten, dass die Funktion von Sicherheitsendschaltern nur in mechanisch, zwangsöffnender Ausführung erfüllt werden kann. Bei Hubanlagen, welche einer hohen Verfügbarkeit oder den Vorschriften gemäß EN 1493 (ehemals VBG 14) unterliegen, sollten die Hubgetriebe mit Verschleißanzeige- oder Tragmutterbruchendschaltern sowie Stillstands- oder Drehzahlwächtern ausgerüstet werden, um eventuelle **Betriebsstörungen frühzeitig erkennen** bzw. größere Schäden und Ausfallzeiten vermeiden zu können. Besteht die Gefahr einer Überlastung der Hubanlage infolge eines Ausfalls des Betriebsendschalters oder einer zu hohen Hubkraft, so kann der Einsatz eines Lastwächters über seine fein einstellbare Justierung und Messung der Motorwirkleistung einen Schaden der Hubanlage verhindern. Zur Gruppe der Überwachungsgeräte zählen auch Temperaturwächter, welche eine Überwachungsfunktion in

---

5   VDE = Verband der Elektrotechnik – zuständig für Normung

ölbefüllten Hubgetrieben übernehmen und somit einzelne Getriebe vor einem vorzeitigen Ausfall schützen können.

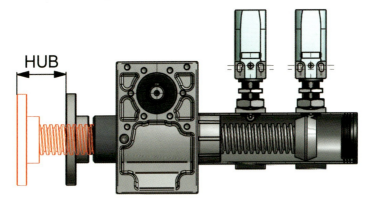

Bild 2.5
Hubgetriebe mit Endschalteranbau

2.4.3.3 Steuerung der Hubanlage

Zum **Messen von Wegstrecken**, **Positionieren** oder **Synchronisieren** ohne mechanische Elemente von Hubanlagen ist der Einsatz von Dreh- oder Absolutwertgebern erforderlich, die an den An- oder Abtriebswellen der Hubgetriebe über Adapter, Flansche und Kupplungen montiert werden können. Wenn die Hubanlage in sich über Gelenkwellen, Verteilergetriebe und Kupplungen synchronisiert ist, können die Sensoren auch an ein **beliebiges freies Wellenende** innerhalb des Systems angebracht werden.

2.4.3.4 Spindelschutz und Schmierung

Unverzichtbar zum Kapitel „Komplette Hubanlagen" gehören Produkte einer Hubanlage, die den Einsatz in gefährdenden Zonen erlauben. Hierzu gehören Faltenbälge als **Staub- oder Berührungsschutz** für Spindeln, die je nach Einsatzort mit unterschiedlichen Eigenschaften ausgestattet sein müssen. Ebenfalls zum Spindelschutz dienen Spiralfedern, die sowohl bei Staub als auch bei Gefährdung der Spindel durch größere Teile eingesetzt werden, und die Schubrohrausführung, die ähnlich einer Teleskopstange den optimalen Spindelschutz bei starker Verschmutzung sowohl durch Liquide als auch durch Feststoffe, bietet.

Des Weiteren sind **automatische Schmierstoffgeber** oder **Zentralschmieranlagen** zu nennen, mit deren Hilfe anstatt des manuellen Service eine automatische Nachschmierung erfolgen kann.

Bild 2-6
Vollständige
Hubanlage
mit vier
Hubeinheiten
und den
zugehörigen
Antriebs-
komponenten

2.5 Literatur

KÜNNE, Bernd   „Einführung in die Maschinenelemente", 2. Aufl.,
                      Wiesbaden: Teubner, 2011

3   Bewegungsspindeln und Muttern

Inhalt

3.1 Spindeln mit Trapezgewinde (DIN 103)

3.1.1 Angaben zur Herstellung zum Halbzeug (Vormaterial) und zur Genauigkeit

3.1.1.1 Spindelherstellung mittels Wirbelmaschinen

Diese Gewindeart ist die gängigste Gewindeform für Bewegungsschrauben und eignet sich universell für viele Einsatzmöglichkeiten.

Bevorzugtes Spindelmaterial bei der Herstellung des Gewindes mittels einer Wirbelmaschine ist ein blank gezogener Stahl der Toleranzklasse h9 in unvergütetem Zustand. Der Stahl mit der Werkstoff-Nr. 1.0503 nach DIN 1652, bezeichnet als **C45** normalgeglüht, besitzt eine mittlere Zugfestigkeit von ca. 710 N/mm^2, Streckgrenze ca. 500 N/mm^2 und einer Brinellhärte 206 HBW 10. Durch eine gute Verfügbarkeit, Zerspanbarkeit sowie die vorstehend genannten physikalischen Werte ist der Werkstoff C45 zur Herstellung von Spindeln hervorragend geeignet.

Die Festigkeitswerte sind mittlere Werte und beziehen sich auf einen Stab mit ca. 40 mm Durchmesser.[1] Dies gilt auch für nachstehend aufgeführte Festigkeitswerte bei anderen Spindelmaterialien.

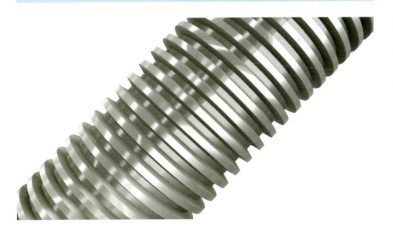

Bild 3.1
Trapezgewindespindel in gewirbelter oder gerollter Qualität

---

1   Siehe Zugversuch nach DIN EN 10 002

Im Anschluss an das Wirbeln des Gewindes wird die Spindel auf eine Geradheit von 0,05 bis 0,10 mm pro Meter gerichtet. Des Weiteren kann durch ein geeignetes Verfahren beim Wirbeln eine Steigungsgenauigkeit von ca. 0,05 mm bei 300 mm Gewindelänge erreicht werden. Diese beiden Werte verleihen der Spindel das Präfix „Präzision" und sind entsprechend wichtig für ihre Funktionsweise. Dies wirkt sich beispielsweise im dynamischen Betrieb durch ein gleichmäßiges Antriebsmoment aus. Zusätzlich wird beim Zerspanen der Spindel eine gute Oberflächenqualität mit einer **Rauheitsklasse N6** nach **DIN ISO 1302** erzielt, was einer gemittelten Rauhtiefe Rz von 0,8 µm entspricht. Durch die tangentiale Spanabtragung des Wirbelns entstehen ferner viele kleine Miniaturfacetten, welche für eine gute Haftung des Schmierfilmes sorgen. Eine gewirbelte Trapezspindel erkennt man mittels Nagelprobe an der Flankenoberfläche. Da verschiedene Anwendungen noch höhere Anforderungen an die Genauigkeit von Spindeln stellen, hat sich die Verwendung eines geschliffenen Vormaterials mit einer Toleranzklasse h 6 bewährt, zumal die Vorbearbeitung des Materials mit wesentlich weniger Oberflächenspannungen behaftet ist.

Gewirbelte Spindeln können bis zu einem Durchmesser von 300 mm und einer Standardlänge von 6 Metern gefertigt werden, wobei Sonderlängen und mehrteilige Ausführungen ebenfalls möglich sind.

3.1.1.2 Spindelherstellung mittels Rollmaschinen

Gerollte Trapezgewindespindeln werden hauptsächlich aus unvergütetem Stahl, mit der Werkstoff-Nr. 1.1181 bezeichnet als **C35E**, hergestellt, wobei die Festigkeitswerte um ca. 11 % unter den Werten von C45 liegen. Die Oberflächenhärte ist durch den Rollvorgang einer gewirbelten Oberfläche überlegen, da durch die Kaltverformung das Material stark verdichtet und die Oberflächenqualität auf einen Rauhtiefenwert Rz von 0,8 bis 0,4 µm verbessert wird. Besonders sollte bei gerollten Spindeln darauf geachtet werden, dass am Außendurchmesser der Spindel keine **Schuppenbildung** oder **Rauhigkeit** vorhanden ist, da dies zu abrasivem Verschleiß führt.

Bei der Genauigkeit der Gewindesteigung und der Geradheit kann eine gerollte Spindel nicht mit einer gewirbelten Ausführung konkurrieren und ist daher für anspruchsvolle Anwendungen, bei denen eine gleichmäßige Lastverteilung im „Spindel-Mutter-System" erforderlich ist, oder bei der Forderung nach präzisen Hubbewegungen weniger gut geeignet.

Im Anschluss an den Rollvorgang wird, wie beim Wirbeln, die Spindel auf eine Geradheit von 0,5 mm pro Meter gerichtet, sodass eine Steigungsgenauigkeit von ca. 0,10 mm bei 300 mm Gewindelänge entsteht.

Der wesentliche Vorteil einer gerollten Spindel ist die kostengünstige Fertigungsmöglichkeit, sofern die Aufgabenstellung den Einsatz einer einfachen Lösung zulässt. Da der Rollvorgang selbst eine Kaltverformung des Vormaterials bedeutet, sind die technische Machbarkeit und wirtschaftliche Herstellung in Bezug auf den Durchmesser und die Gewindesteigung infolge der enormen Kräfte begrenzt. Erfahrungsgemäß sind die Herstellkosten zwischen einer gewirbelten und einer gerollten Spindel bei einem Durchmesser von ca. 40 mm und einer Gewindesteigung von 7 mm nahezu gleich und verändern sich ab diesem Wert zu Gunsten einer gewirbelten Ausführung.

3.1.1.3 Korrosionsgeschützte Ausführung

Für Anwendungen von Trapezgewindespindeln in einem Bereich mit erhöhter Korrosionsgefahr sind die vorstehend genannten Materialien, ob gewirbelt oder gerollt, nur bedingt einsetzbar. Hier können die Spindeln nach dem „Tennifer®-Verfahren"[2] mit einer einphasigen, dünnen Verbindungsschicht überzogen werden, die eine Korrosionsbeständigkeit in Verbindung mit dem Schmierfilm erhöht, aber nicht ausschließt. Zudem werden Gleiteigenschaft und Verschleißwiderstand der Spindeloberfläche wesentlich erhöht, sodass auch kritische Situationen wie Schmiermittelmangel oder noch nicht voll ausgebildete Tragteile im Spindel-Mutter-System während der Einlaufphase einer Anlage überbrückt werden können.

Sofern alle Anlagenbauteile zwingend mit rostbeständigen Materialien ausgestattet werden müssen, ist die Verwendung von zerspanbaren Vormaterialien wichtig, wobei sich rostfreie Automatenstähle wie zum Beispiel 1.4305 (V2A) wegen ihrer geringen Legierungsanteile nicht immer eignen. Die Materialien 1.4541 und 1.4571 (V4A) sind infolge der Nickel- und Chromzusätze von ca. 30 % und einer Zugfestigkeit von ca. 615 N/mm^2 und einer Streckgrenze von ca. 210

---

2   Härteverfahren, Badnitrieren unter Belüftung; Entnommen aus: WEIßBACH
     S. 171

N/mm² für viele korrosionsresistente Anwendungen besser geeignet, was aber gleichzeitig einen höheren finanziellen Aufwand zur Folge hat. Zu berücksichtigen ist jedoch der geringere Oberflächenhärtewert von circa 160 HB bei der Wahl des geeigneten Mutterwerkstoffs.

3.1.2 Metrisches ISO-Trapezgewinde (DIN 103) – Daten und Maße

Bild 3.2
Angaben für
metrisches
ISO-Trapez-
gewinde

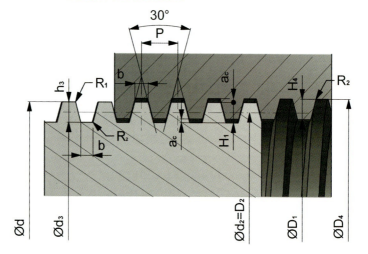

Tabelle 3.1   Trapezgewindemaße[3]

Nenn-Ø	d
Steigung eingäng. Gewinde u. Teilung mehrgäng. Gewinde	P
Steigung mehrgäng. Gewinde	P_h
Gangzahl	$n = P_h : P$
Kern-Ø Außengewinde	$d_3 = d - (P + 2 \cdot a_c)$
Außen-Ø Innengewinde	$D_4 = d + 2 \cdot a_c$
Kern-Ø Innengewinde	$D_1 = d - P$
Flanken-Ø	$d_2 = D_2 = d - 0{,}5 \cdot P$
Gewindetiefe	$h_3 = H_4 = 0{,}5 \cdot P + a_c$
Flankenüberdeckung	$H_1 = 0{,}5 \cdot P$

---

3   Entnommen aus: FISCHER/HEINZLER u.a. S. 207

Tabelle 3.1   Fortsetzung

Nenn-Ø	d
Spitzenspiel	a_c
Radius	R_1 und R_2
Breite	$b = 0{,}366 \cdot P - 0{,}54 \cdot a_c$
Flankenwinkel	30°

Maß	für Steigungen P in mm			
	1,5	2...5	6...12	14...44
a_c	0,15	0,25	0,5	1
R1	0,075	0,125	0,25	0,5
R2	0,15	0,25	0,5	1

3.2   Spindeln mit Sägengewinde (DIN 513)

3.2.1 Angaben zur Herstellung, zum Halbzeug (Vormaterial) und zur Genauigkeit

3.2.1.1 Spindelherstellung mittels Wirbelmaschinen

Diese Gewindeart ist generell nur in einer Richtung belastbar und wird hauptsächlich für hohe Axialkräfte verwendet. Während bei der Trapezgewindeform beide Flankenwinkel 30° aufweisen, ist bei der Sägengewindeflanke die Lastseite nur mit 3° ausgeführt. Durch die größere Tragtiefe der Gewindeflanke entsteht eine wesentlich vergrößerte Tragfläche, und zusätzlich entstehen durch die geringere Neigung von 3° günstigere Reibwerte.

Die Gewindeform von Sägengewindespindeln wird mittels Wirbelmaschinen erzeugt. Dabei ist die Fertigung gegenüber der Herstellung einer Trapezgewindeform aufwendiger und anspruchsvoller. Bei größeren Spindeldurchmessern und Gewindesteigungen sind mindestens zwei Bearbeitungsschritte erforderlich, um ein präzises und funktionstüchtiges Ergebnis erzielen zu können.

Bild 3.3
Sägenge-
windespindel
für erhöhte
axiale Belas-
tung

Als Spindelmaterial wird wie beim Trapezgewinde ein blank gezogener Stahl **C45** verwendet. Somit sind alle Angaben über die weiteren
Fertigungsschritte sowie die Genauigkeitsangaben aus dem vorstehenden Teil 1 über die gewirbelte Ausführung übertragbar.

3.2.1.2 Spindelherstellung mittels Rollmaschinen

Die Fertigung der Sägengewindeform mittels Rollmaschinen ist
durch die unterschiedlichen Gewindeflanken und große Tragtiefe
nicht möglich.

3.2.2 Sägengewinde (DIN 513) –
Daten und Maße

Bild 3.4
Angaben für
metrisches
Sägenge-
winde

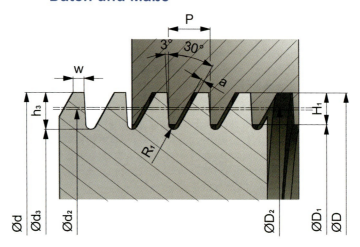

Tabelle 3.2   Sägengewindemaße[4]

Nennmaß des Getriebes	d = D
Steigung	P
Kern-Ø Außengewinde	$d_3 = d - 1{,}736 \cdot P$
Kern-Ø Innengewinde	$D_1 = d - 1{,}5 \cdot P$
Flanken-Ø Außengewinde	$d_2 = d - 0{,}75 \cdot P$
Flanken-Ø Innengewinde	$D_2 = d - 0{,}75 \cdot P + 3{,}176 \cdot a$
Axialspiel	$a = 0{,}1 \cdot \sqrt{P}$
Gewindetiefe Außengewinde	$h_3 = 0{,}8678 \cdot P$
Gewindetiefe Innengewinde	$H_1 = 0{,}75 \cdot P$
Radius	$R = 0{,}124 \cdot P$
Profilbreite am Außen-Ø	$w = 0{,}264 \cdot P$
Flankenwinkel	33°

3.3 Spindeln mit Kugelgewinde

3.3.1 Angaben zur Herstellung, zum Halbzeug (Vormaterial) und zur Genauigkeit

3.3.1.1 Spindelherstellung mittels Wirbelmaschinen

Bevorzugtes Spindelmaterial bei der Erstellung des Gewindes mittels einer Wirbelmaschine ist ein legierter oberflächengehärteter und geschliffener Vergütungsstahl mit der Bezeichnung **Cf 53**, Werkstoff-Nr. 1.1213 nach DIN 1652, mit einer mittleren Zugfestigkeit von ca. 740 N/mm², die Streckgrenze liegt bei ca. 510 N/mm². Die Schichtdicke der gehärteten Oberfläche ist je nach Materialdurchmesser und Kugelgröße so gewählt, dass nach dem Erstellen der Gewindegänge eine ausreichend harte Oberfläche mit ca. 60 HRC als Kugellaufbahn[5] zur Verfügung steht. Um einen hohen Wirkungsgrad, verbunden mit hoher dynamischer Tragzahl, Steifigkeit und Lebensdauer zu erzielen, wird das Bewegungsgewinde mit einem speziellen Spitzbogenprofil gefertigt. Ebenso wie bei gewirbelten Spindeln besteht nach dem Gewindewirbelvorgang die Notwendigkeit, die Spindel zu richten. Somit wird in der Standardausführung eine Genauigkeit der Spindelsteigung von ca. 0,025 mm auf 300 mm Gewindelänge erzielt, was einer Toleranz-

---

4   Entnommen aus: FISCHER/HEINZLER u.a. S. 207
5   HRC = Härteprüfverfahren nach Rockwell mit Diamantkegel

klasse T 5 entspricht. Für genauere Einsatzbedingungen sind auch Steigungsgenauigkeiten von 0,012/300 mm erzielbar. Die Geradheit der Spindel liegt bei 0,03 mm pro 1 000 mm Gewindelänge. Die vorstehenden Werte sind bis zu einer Spindellänge von 6 Metern realisierbar.

3.3.1.2 Spindelherstellung mittels Rollmaschinen

Gerollte Kugelgewindespindeln werden ebenfalls aus dem Werkstoff Cf 53, jedoch ohne vorherige Vergütung des Vormaterials hergestellt. Dies geschieht im Anschluss an das Rollverfahren, wobei die Kugellaufbahn nach der Erstellung des Gewindes induktiv gehärtet und poliert wird. Weiter zu bearbeitende Zonen der Spindel bleiben weich. Durch das beschriebene Fertigungsverfahren erhält man einen maximalen Steigungsfehler von ca. 0,05 bis 0,1 mm bei 300 mm Gewindelänge[6] sowie eine maximale Abweichung von der Geradheit bei:

L < 500 mm von 0,05 mm,
L = 500 bis 1 000 mm von 0,08 mm und
L > 1 000 mm von 0,1 mm.

3.4   Spindelberechnung

3.4.1 Vorwahl des Spindeldurchmessers

Die Vorwahl des erforderlichen Kernquerschnitts einer Spindel, unabhängig von der Gewindeart, ergibt sich bei **zugbelasteten oder kurzen druckbelasteten** Spindeln aus der Formel

Formel 3.1
Erforderlicher Kernquerschnitt

$$A_3 > \frac{F_k}{\sigma_{zd\,zul}}$$

A_3 Spindelkernquerschnitt   [mm²]
F Druckkraft   [N]
$\sigma_{zd\,zul}$ zulässige Zug- / Druckspannung   [N/mm²]

zulässige Druck- (Zug-)spannung. bei vorwiegend ruhender Belastung: $\sigma_{zd\,zul} \approx \frac{R_e\,(R_{p0,2})}{1,5}$

Schwellbelastung: $\sigma_{zd\,zul} \approx \frac{\sigma_{zdSch}}{2}$

Wechselbelastung: $\sigma_{zd\,zul} \approx \frac{\sigma_{zdW}}{2}$

---

6   Entnommen aus: BÖGE S. 28

Ausgehend vom Spindelmaterial **C45,** unvergütet, können für die drei auftretenden Belastungsfälle ein zulässiger Zug- oder Druckspannungswert σ_{zul} von

Belastungsfall 1
= ruhende (statische) Belastung σ_{zul} =   **333 N/mm²**

Belastungsfall 2
= wiederkehrende (schwellende)
   Belastung in einer Richtung σ_{zul} =   **197,5 N/mm²**

Belastungsfall 3
= wechselnde Belastung
   nach beiden Richtungen σ_{zul} =   **142,5 N/mm²**

in die Formel eingesetzt werden.

Für gerollte Spindel aus dem Material Ck 35 müssen die zulässigen Spannungswerte um 15 % reduziert werden. Für Kugelumlaufspindeln aus Material Cf 53 können die Werte aufgrund der höheren Festigkeit um 15 % erhöht werden.

Ferner sind Durchmesserreduzierungen wie z.B. Befestigungsgewinde zu berücksichtigen, welche den gefährdeten Querschnitt einer Spindel verringern.

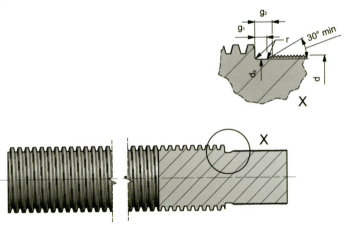

Bild 3.5
Minimaler Querschnitt der bei Druck- und Zugspannungsberechnungen zu berücksichtigen ist

Bei dieser Berechnung handelt es sich aber lediglich um die Vorwahl des Spindelquerschnitts, nicht um eine Nachprüfung (Festigkeitsnachweis).

Die folgende Tabelle zeigt die am häufigsten verwendeten Werkstoffe und deren Eigenschaften. Aufgrund unterschiedlicher Materi-
alstärken und Bearbeitungsverfahren, können die Werte differieren
und sind keine festen Werte, sondern eher ein Wertebereich.

Tabelle 3.3   Werkstoffdaten[7]

Werkstoff	Werkstoff-nummer nach DIN	E-Modul		Proport-ionalitäts-grenze $R_{P0,2}$		Zugfestig-keit R_m	
C15	1.0401	208000	N/mm²	340	N/mm²	480	N/mm²
C35	1.0501	206000	N/mm²	420	N/mm²	600	N/mm²
C45	1.0503	210000	N/mm²	500	N/mm²	710	N/mm²
16MnCr5	1.7131	210000	N/mm²	695	N/mm²	1000	N/mm²
42CrMo4	1.7225	210000	N/mm²	900	N/mm²	1100	N/mm²
V4A	1.4571	200000	N/mm²	200	N/mm²	500	N/mm²

3.4.2 Nachprüfung auf Festigkeit und Knickung

Die Nachprüfung auf Knickung kommt immer dann zum Tragen,
wenn bei druckbelasteten Spindeln das Verhältnis von Spindellänge l
zum Spindelquerschnitt A_3 über einem bestimmten werkstoffabhän-
gigen Wert liegt. Ist dies der Fall, besteht die Gefahr des seitlichen
Ausknickens, obwohl die Spindel genau axial belastet wird und die
Druckspannung σ_d noch unter der zulässigen Spannung (Proportio-
nalitätsgrenze) σ_{zul} liegt. Knickung ist somit kein Spannungs-, sondern ein Stabilitätsproblem. Bei gleicher Druckkraft F und gleichem
Spindelquerschnitt A_3 nimmt die Ausknickgefahr mit zunehmender
Spindellänge l zu.

---

7   Entnommen aus: WITTEL/MUHS Tabellenbuch S. 3

Bild 3.6
Das Auskni-
cken ist ein
Stabilitäts-
problem,
welches auch
bei rein axia-
ler Belastung
auftritt

**Die besondere Problematik der Knickung hat zur Definition fol-
gender Begriffe geführt:**

Die Knickkraft F_k ist die Kraft, bei der das Ausknicken einer Spindel
gerade beginnt. Da eine Spindel weder ausknicken noch sich wesentlich verformen darf, ist dafür zu sorgen, dass eine ausreichend hohe
Sicherheit ν gegen Knicken vorhanden ist. Ein weiterer wichtiger
Bezug für die Berechnung der Knickung ist der Grenzschlankheitsgrad λ_0, welcher sich aus dem Elastizitätsmodul E und der Proporti-
onalitätsgrenze σ_{dP} des Spindelwerkstoffs errechnet. Dabei dient der
Grenzschlankheitsgrad als Bezugswert zur Unterscheidung zwischen
unelastischer und elastischer Knickung.

$$\lambda_0 = \pi \cdot \sqrt{\frac{E}{\sigma_{dP}}}$$

λ_0	Grenzschlankheitsgrad	
E	Elastizitätsmodul	[N/mm²]
σ_{dP}	Proportionalitätsgrenze	[N/mm²]

Formel 3.2
Grenz-
schlank-
heitsgrad

Ist der **Schlankheitsgrad** λ der Spindel < λ_0, erfolgt die Berechnung
der Knickung nach **Tetmejer (unelastisch)**.

Ist der **Schlankheitsgrad** λ der Spindel > λ_o, erfolgt die Berechnung der Knickung nach **Euler (elastisch)**.

Bei einem **Schlankheitsgrad** λ < **20** erübrigt sich eine Prüfung der Knickung, es reicht eine Berechnung der Festigkeit aus.

Eine Aufschlüsselung der eingesetzten Materialien und deren Eigenschaften sind in Tabelle 3.3 ersichtlich.

Zur Ermittlung der **freien Knicklänge** l_k ist die Festlegung des vorhandenen Einspannfalls und der **Spindellänge l** von großer Wichtigkeit, da sich anhand der folgenden Einspannsituationen die freie Knicklänge l_k wie folgt errechnet:

Bild 3.7
Knickfälle
nach Euler

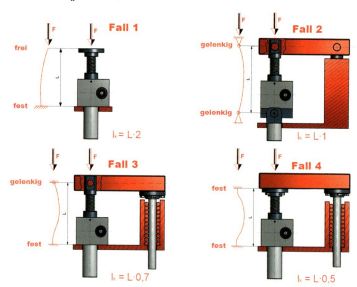

Somit kann der **Schlankheitsgrad** λ mit der Formel

Formel 3.3
Schlank-
heitsgrad

$$\lambda = \frac{4 \cdot l_k}{d_3}$$

λ	Schlankheitsgrad	
l_k	Knicklänge	[mm]
d_3	Kerndurchmesser	[mm]

errechnet und die Festlegung getroffen werden, nach welchem Verfahren der Nachweis einer ausreichenden Knicksicherheit zu erbringen ist.

Sollte der Schlankheitsgradwert λ über **250** liegen, wird der zulässige maximale Wert überschritten, sodass keine Stabilität mehr gegeben ist und eine Neuberechnung mit geänderten Durchmessern erfolgen oder der Einspannfall geändert werden muss.

3.4.3 Nachprüfung der Knickung nach Tetmajer (unelastischer Bereich) und Euler[8]

Schritt 1   Ermittlung des Belastungsfalls, ruhende (statisch) oder schwellende (dynamisch) Belastung. Auswahl der mathematischen Grundlage, definiert über $\lambda < \lambda_0$ und $\lambda > 20$ für Berechnung nach Tetmajer und $\lambda \geq \lambda_0$ für Berechnung nach Euler.

Schritt 2   Für die Vorwahl des Kerndurchmessers der Spindel wurde aus den Eulergleichungen für Knickungen eine Gleichung zur Vorauswahl ermittelt. Sie dient lediglich zur überschlägigen Auslegung einer langen druckbeanspruchten Spindel. Eine detaillierte Betrachtung erfolgt dann über die Knickspannungen.

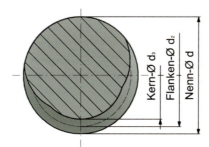

Bild 3.8
Querschnitt einer Trapezgewindespindel

---

8   Entnommen aus: WITTEL/MUHS S. 260 ff.

Formel 3.4
Vorauswahl
für Kern-
durchmesser

$$d_3 \geq \sqrt[4]{\frac{64 \cdot F \cdot S \cdot l_k^2}{\pi^3 \cdot E}}$$

d_3	erforderlicher Kerndurchmesser	[mm]
F	Druckkraft für die Spindel	[N]
S	Sicherheit	
	S ~ 6...8	
l_k	Rechnerische Knicklänge je nach vorliegendem Knickfall	[mm]
E	Elastizitätsmodul	[N/mm²]

Für kurze druckbeanspruchte Spindeln reicht eine Betrachtung nach Formel 3.1 vollkommen aus.

Schritt 3   Ermittlung der Knickspannung **nach Tetmajer**

Formel 3.5
Johnson
Parabel für
Knickspan-
nung nach
Tetmajer

$$\sigma_k = \sigma_{dS} - (\sigma_{dS} - \sigma_{dP}) \cdot \left(\frac{\lambda}{\lambda_0}\right)^2$$

σ_k	Johnson Parabel für Knickspannung nach Tetmayer	[N/mm²]
σ_{dS}	Quetschgrenze ~ $R_{p0,2}$ bzw R_e	[N/mm²]
σ_{dP}	Proportionalitätsgrenze ~ $0,8 \cdot \sigma_{dS}$	[N/mm²]

Ansonsten folgt die Ermittlung der Knickspannung **nach Euler**

Formel 3.6
Knickspan-
nung nach
Euler

$$\sigma_k = \frac{E \cdot \pi^2}{\lambda^2} \sim \frac{21 \cdot 10^5}{\lambda^2}$$

σ_k	Knickspannung	[N/mm²]
E	Elastizitätsmodul	[N/mm²]
λ	Schlankheitsgrad	

Schritt 4   Ermittlung der vorhandenen Spannung

Schritt 4.1   **Belastungsfall 1 (statisch)**

Ermittlung der vorhandenen Spannung σ_{vorh} im Gewindekern über

$$\sigma_{vorh} = \frac{F}{A_3}$$

Formel 3.7
vorhandene
Druckspan-
nung in der
Spindel

σ_{vorh}	vorhandene Druckspannung	[N/mm²]
F	Axialkraft	[N]
A_3	Spindelkernquerschnitt	[mm²]

Schritt 4.2   **Belastungsfall 2 (dynamisch)**

Ermittlung des vorliegenden Spindeldrehmoments

$$M_2 = F_{dyn} \cdot \frac{d_2}{2} \cdot \tan(\varphi \pm \varrho)$$

Formel 3.8
Spindeldreh-
moment bei
dynamischer
Belastung

M_2	Spindeldrehmoment	[Nm]
F_{dyn}	Axialkraft dynamisch	[kN]
d_2	Flankendurchmesser	[mm]
φ	Steigungswinkel	[°]
ϱ	Gleitreibungswinkel	[°]

Dabei ergibt sich der Steigungswinkel φ aus dem Flankendurchmesser d_2 und der Gewindesteigung P_h über

$$\varphi = \tan^{-1}\left[\frac{P_h}{(d_2 \cdot \pi)}\right]$$

Formel 3.9
Steigungs-
winkel am
Gewinde

φ	Steigungswinkel	[°]
P_h	Gewindesteigung	[mm]
d_2	Flankendurchmesser	[mm]

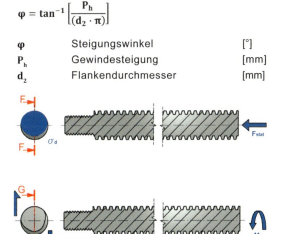

Bild 3.9
Druck-/Zug-
spannungen
und Torsions-
spannungen
(=Schub-
spannungen)
in der Hub-
spindel

Sollte keine statische (ruhende), sondern eine dynamische (schwellende) Knickkraft vorliegen, was in der Praxis die Regel ist, muss eine Ermittlung der Knicksicherheit erfolgen, in die auch die Verdrehspannung τ_t der Spindel einfließt. Dies bedeutet weitere Schritte zur Beurteilung der vorhandenen Sicherheit S.

Liegt an der Spindel eine ausschließlich statische Belastung an, so können Schritt 5 und 6 übersprungen werden und es kann direkt zur Beurteilung der Sicherheit übergegangen werden. Angaben und Zusammenhänge über die verschiedenen Gewindereibwinkel siehe Kapitel 3.4.4 „Bedingungen und Einflüsse".

Schritt 5   Ermittlung der Torsionsspannung aus dem Spindeldrehmoment und dem polaren Widerstandsmoment der Spindel. Dabei gilt die folgende Formel lediglich für wellenartige Bauteile:

Formel 3.10
polares Widerstandsmoment

$$W_p = 0,2 \cdot d_3{}^3$$

W_p	polares Widerstandsmoment	[mm³]
d_3	Kerndurchmesser	[mm]

Nachfolgend wird das polare Widerstandsmoment für die Berechnung der Torsionsspannung eingesetzt:

Formel 3.11
Torsionsspannung

$$\tau_t = \frac{M_2}{W_P} \leq \tau_{t\,zul}$$

τ_t	Torsionsspannung	[N/mm²]
M_2	Spindeldrehmoment	[N/mm]
W_p	polares Widerstandsmoment	[mm³]
$\tau_{t\,zul}$	zulässige Torsionsspannung	[N/mm²]

ruhender Belastung: $\tau_{t\,zul} = \frac{\tau_{tF}}{1,5}$

Schwellbelastung: $\tau_{t\,zul} = \frac{\tau_{tSch}}{2}$

Wechselbelastung: $\tau_{t\,zul} = \frac{\tau_{tW}}{2}$

Schritt 6 Ermittlung der Vergleichsspannung σ_v nach Mises[9]. Die Gleichung nach Mises betrachtet die Spannungen in einem Bauteil und entwickelt daraus eine resultierende Spannung (= Vergleichsspannung).

$$\sigma_v = \sqrt{\sigma_{vorh}^2 + 3 \cdot \tau_t^2}$$

σ_v	Vergleichsspannung	[N/mm²]
σ_{vorh}	vorhandene Spannung	[N/mm²]
τ_t	Torsionsspannung	[N/mm²]

Formel 3.12
Vergleichs-
spannung
nach Mises

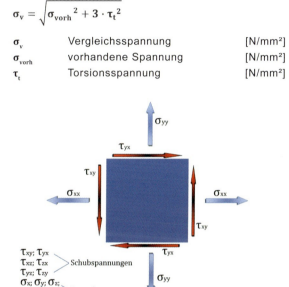

Bild 3.10
Ebener
Spannungs-
zustand

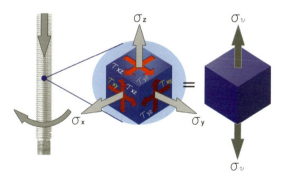

Bild 3.11
Vergleichs-
spannung
nach Mises

9 Richard von Mises, 19. April 1883 – 14. Juli 1953, österr. Mathematiker, entwickelte die Vergleichsspannung auf Basis der Gestaltänderungsenergiehypothese.

Schritt 7   Ermittlung der vorhandenen Sicherheit gegen Auskni-
              cken über S

Formel 3.13 $$S = \frac{\sigma_k}{\sigma_{vorh}} \geq S_{erf}$$
Sicherheit
gegen Aus-   S   Sicherheit
knicken σ_k Knickspannung   [N/mm²]
                  σ_{vorh} vorhandene Spannung   [N/mm²]

Beanspruchungsfall 1 (statisch) $\sigma_{vorh} = \sigma_d$

Beanspruchungsfall 2 (dynamisch) $\sigma_{vorh} = \sigma_v$

Abhängig vom Schlankheitsgrad und der zugrunde liegenden Nach-
prüfungsmethode (Tetmajer oder Euler) sollten bestimmte Sicherheiten eingehalten werden. Das folgende Schema zeigt die geforderten
Sicherheiten, abhängig vom Schlankheitsgrad.

Bild 3.12
Geforderte
Sicherheit bei
Berechnung
der Spindel
auf Knickung

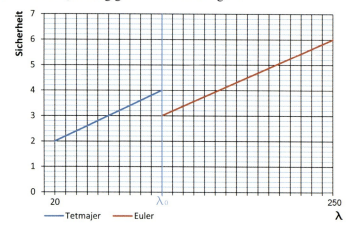

3.4.4 Bedingungen und Einflüsse auf die Gewindereibung

Um möglichst wenig Energie aufgrund von Reibung im Gewinde zu
verlieren, muss eine optimale gleitende Reibung garantiert werden,
was von mehreren physikalischen Eigenschaften der Gleitpartner
abhängt. Die Oberflächen der Bewegungsgewinde müssen eine rie-
fen- und gratfreie Struktur aufweisen. Ferner sind die Materialien der
beiden Gleitpartner so aufeinander abzustimmen, dass ein Härtege-

fälle von mindestens 50 HB vorhanden ist. Die Auswahl des Mutterwerkstoffs bedarf besonderer Sorgfalt und muss auf das verwendete Spindelmaterial abgestimmt werden.

Siehe hierzu Kapitel 3.5 „Muttern mit Trapez- und Sägengewinde".

Ferner können die theoretischen Gewindereibwerte nur dann zum Tragen kommen, wenn auch die Genauigkeit der Gewindegeometrie im Spindel-Mutter-System übereinstimmt und ein tragfähiger Schmierfilm vorhanden ist, auf dem sich die beiden Gleitpartner bewegen. Nachdem man bei Spindel-Mutter-Systemen keinesfalls von einer reinen Flüssigkeitsreibung nach „Stribeck"[10] ausgehen kann, wird hier die Annahme getroffen, dass „Mischreibung" während des Betriebes sowie „Anlaufreibung" beim Start vorliegt.

Da die Viskosität des Schmiermittels ebenso wie der Grad der Verunreinigung durch den Abrieb eine Beeinträchtigung des Reibwertes mit sich bringen, basieren die Angaben für die **Berechnung des Spindeldrehmoments** auf theoretischen Mittelwerten der Gewindereibung, wobei praktische Versuchs- und Messergebnisse keine gravierenden Abweichungen im Normalbetrieb ergeben.

Für die Bedingungen des Gewindereibwinkels kann man deshalb von folgenden Werten ausgehen:

Beim Vorgang „**Last heben**" mittels **Trapezgewindespindel** (Flankenwinkel 30°) und einer **Bronzemutter** (Paarungen aufeinander abgestimmt) mit einem mineralischen Fett als Schmiermittel ergibt sich ein **Gewindereibwinkel** ρ_G von ~ **6°**. Für **Sägengewindespindeln** (Lastflankenwinkel 3°) kann bei gleichen vorher genannten Bedingungen infolge der kleineren Reibkräfte ein **Gewindereibwinkel** ρ_G von ~ **4,5 bis 5°** verwendet werden.

---

10   Stribeck entwickelte eine Kurve, die den Reibungskoeffizient eines hydrodynamischen Lagers in Abhängigkeit der Zeit zeigt.

Tabelle 3.4   Gleitreibungswinkel in Abhängigkeit von Mutterwerkstoff

Trapezgewinde-Gleitreibungswinkel ρ_G [1]	
man setzt bei Spindel aus Stahl und Führungsmutter	
aus Gusseisen, trocken:	$\rho_G \sim 12°$
aus CuZn- und CuSn-Legierungen, trocken:	$\rho_G \sim 10°$
aus vorstehenden Werkstoffen, geschmiert:	$\rho_G \sim 6°$
aus Spezial-Kunststoff, trocken:	$\rho_G \sim 6°$
aus Spezial-Kunststoff, geschmiert:	$\rho_G \sim 2,5°$

[1] Entsprechende Haftreibungswinkel ρ_0' sind erfahrungsgemäß 10 bis 40 % größer.

Beim Vorgang „**Last senken**" mittels **Trapezgewindespindel** wird zur Ermittlung des Spindeldrehmoments eine Subtraktion des Gewindereibwinkel ρ_G vom Gewindesteigungswinkel φ vorgegeben. Bei der Nachberechnung der Spindel auf Festigkeit ist aber immer der kritischste Fall zu betrachten. Dieser tritt nur bei der Aufwärtsbewegung auf.

3.5 Muttern mit Trapez- und Sägengewinde

3.5.1 Angaben zur Herstellung

Eine funktionstüchtige Übertragung von Axialkräften gelingt nur mit einer auf die Spindel optimal abgestimmten Tragmutter, das heißt, sowohl der Werkstoff als auch die Gewindegeometrie müssen den physikalischen Bedingungen einer reibungsarmen Kraftübertragung entsprechen. So entscheidet nicht so sehr die Festigkeit des Mutterwerkstoffs, sondern die Faktoren **Materialauswahl, Fertigung, Schmierfilm** und **Flächenpressung im Gewinde** über die Funktionsfähigkeit und Lebensdauer des Spindel-Mutter-Systems.

3.5.1.1 Materialauswahl

Als bevorzugte Muttermaterialien gelten **Kupfer-Zinn-Legierungen** mit einer mittleren Brinellhärte von ca. 100 HB, wobei geringe Nickel- oder Bleizusätze sowohl das Materialgefüge als auch die Gleit-

und Notlaufeigenschaften positiv beeinflussen. Je nach Anwendung sollten die spezifischen Eigenschaften der unterschiedlichen Werkstoffe Berücksichtigung finden, wobei auch Grauguss und Kunststoffe zum Einsatz kommen können. Aufgrund der Komplexität des Themas „**Optimale anwendungsbezogene Materialauswahl**" kann keine allgemeine Aussage getroffen werden, da nur das funktionelle Zusammenspiel der physikalischen und tribologischen[11] Eigenschaften von Material und Schmierung zu einer funktionsfähigen Lösung führt. Trotzdem gibt es konstruktive Regeln und Erfahrungen, welche die Werkstoffauswahl der Tragmutter erleichtern.

Regel 1: Je höher **die Anzahl der Bewegungen**, desto wichtiger sind die Gleiteigenschaften, d. h. keine hohe Materialhärte **(max. 120 HB)** und keine hohe Flächenpressung im Gewinde **(max. 10 N/mm²)**.

Regel 2: Das **Härtegefälle** zwischen Spindel und Mutter muss **mindestens 50 HB** betragen, so sollte zum Beispiel vermieden werden, gewirbelte rostfreie Spindeln mit hochfesten Mutterwerkstoffen zu paaren.

Regel 3: Hohe **dynamische Flächenpressungswerte (> 10 N/mm²)** im Bewegungsgewinde erfordern den Einsatz von Sonderbronzen mit höheren Festigkeits- und Verschleißwerten oder von besonderen Schmiermitteln mit druckstabilen Zusätzen.

3.5.1.2 Fertigung

Je nach Gewindeabmessung wird das Bewegungsgewinde mittels Drehmeißel oder dem Wirbelverfahren hergestellt. Dabei ist eine maßhaltige Geometrie des Gewindes von größter Wichtigkeit, da während der Bewegungsabläufe im Spindel-Mutter-System keine erhöhte Reibung und Wärmeentwicklung auftreten dürfen. Besonders ist bei der Fertigung des Gewindeeinlaufs darauf zu achten, dass ein Teil des Endgewindes mechanisch entfernt und sorgfältig entgratet wird. Bewegungsgewinde, die einer hohen Bewegungshäufigkeit ausgesetzt sind, müssen zwischen den Gewindeflanken der Spindel und Mutter ein ausreichendes Flankenspiel besitzen, um Temperaturausdehnungen und eine ausreichende Schmierfilmstärke zu gewährleisten.

---

11 Tribologie = Reibungslehre

Ein minimales Flankenspiel ist deshalb nur bei geringer Nachstell-bewegung und Einschaltdauer sinnvoll.

3.5.2 Berechnung von Flächenpressung und Wirkungsgrad

3.5.2.1 Flächenpressung

Das Muttergewinde einer Bewegungsschraube ist so zu bemessen, dass die volle Tragkraft der Spindel vom Muttergewinde ohne Schä-digung übertragen werden kann. Hierbei muss zwischen der statisch und dynamisch zu übertragenden Belastung unterschieden werden. Wichtigster Faktor ist deshalb die **Flächenpressung im Mutterge-winde** unter der Annahme einer gleichmäßigen Lastverteilung über die gesamte Mutterlänge. Tatsächlich werden die ersten tragenden Gewindegänge stärker beansprucht. Die Flächenpressung im Gewin-de berechnet sich über:

Formel 3.14
Flächenpres-
sung im Mut-
tergewinde

$$p = \frac{F \cdot P_h}{l_1 \cdot d_2 \cdot \pi \cdot H_1} \le p_{zul}$$

p	Flächenpressung	[N/mm²]
F	Axialkraft	[N]
P_h	Gewindesteigung	[mm]
l_1	Mutterlänge minus einer Gewindesteigung (Gewindeein- und auslauf)	[mm]
d_2	Flankendurchmesser	[mm]
H_1	Flankenüberdeckung	[mm]
p_{zul}	zulässige Flächenpressung der Gewindeflanken	[N/mm²]

Bild 3.13
Prinzip der
Flächenpres-
sung

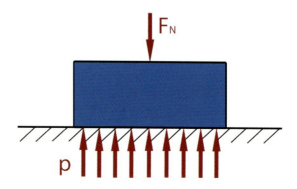

Bei der zulässigen Flächenpressung p_{zul} im Gewinde ist zwischen dem zulässigen dynamischen und statischen Wert zu unterscheiden, wobei der verwendete Mutterwerkstoff und die auftretende Betriebsart eine entscheidende Rolle spielen.

Als **Richtwert** für den hauptsächlich verwendeten Mutterwerkstoff **G-CuSn12** und die dazu passende Spindel aus C45 (oder C35), gilt:

dynamischen Flächenpressung p_{zul} = **5 bis 15 N/mm²**

Tabelle 3.5   Richtwerte für zulässige dynamische Flächenpressung p_{zul} bei Bewegungsschrauben[12]

Spindel	Mutter	p_{zul} in N/mm²
Stahl	Gusseisen	3...7
	GS, GJMW	5...10
	CuSn- und CuAl-Leg.	10...20
	Stahl	10...15
	Kunststoff "Turvite-A"	5...15
	Kunststoff "Nylatron"	...55

Wobei der maximale Wert nur bei der Betriebsart „geringe Bewegungshäufigkeit und Hubgeschwindigkeit" auftreten darf.

Die statische Flächenpressung sollte den maximalen Wert von **25 N/mm²** nicht überschreiten, da sonst der Schmierfilm übermäßig belastet und zerstört wird. Infolgedessen kommt es zu Riss- und Grübchenbildung[13], was selbst bei anschließendem Reduzieren der Flächenpressungswerte zu vorzeitigem Ausfall führt.

Berechnungsnachweis für Grübchensicherheit und andere Festigkeitsberechnungen in Kapitel 4.5 „Tragfähigkeitsnachweis für Schneckengetriebe".

Für den Einsatz von **Kunststoff** als Mutterwerkstoff[14] muss die dynamische zulässige Flächenpressung p_{zul} auf den Wert von **5 N/mm²** reduziert werden, der statische Maximalwert sollte **15 N/mm²** nicht übersteigen.

---

12   Entnommen aus: WITTEL/MUHS Tabellenbuch S. 107
13   Ermüdungserscheinung des Werkstoffs, siehe WITTEL/MUHS S. 733 f.
14   Kunststoff PA 6.6

Durch Umstellen der Formel 3.13 kann, auch über die Annahme der zulässigen Flächenpressung, die Mutterlänge ermittelt werden. Wichtig dabei ist, die geplante Konstruktion und vor allem die maximale Mutternlänge zu berücksichtigen. Gibt es keine Übereinstimmung zwischen Standardlängen, kann auch in Zusammenarbeit mit dem Hersteller eine Sonderlänge vereinbart werden. Darüber hinaus sollte der Richtwert von einer **maximalen Gewindelänge l = 2,5*d** berücksichtigt werden[15], um einen zu hohen Reibungsverlust im Bewegungsgewinde zu vermeiden. Tragmuttern mit Längen über diesem Richtwert erfordern eine präzise Steigungsgeometrie zwischen Spindel und Mutter.

3.5.2.2 Wirkungsgrad

Der **Wirkungsgrad** zwischen dem **Spindel-Mutter-System** ist das Verhältnis von nutzbarer zu aufgewendeter Arbeit, resultierend aus der Umwandlung der Spindeldrehbewegung in eine Längsbewegung der Mutter. Der Wirkungsgrad wird mit folgender Formel berechnet:

Formel 3.15
Wirkungsgrad

$$\eta = \frac{\tan \varphi}{\tan(\varphi + \rho_G)}$$

η	Wirkungsgrad zwischen dem Spindel-Mutter-System	
φ	Gewindesteigungswinkel	[°]
ρ_G	Gewindereibwinkel	[°]

Wird in einem Spindel-System Selbsthemmung gefordert, ist es möglich, den Steigungswinkel φ und damit den benötigten Selbsthemmungsgrad zu variieren. Die Einteilung ist folgendermaßen aufgebaut:

- **Selbsthemmung aus der Bewegung:**
  φ < 2,4°   (= dynamische Selbsthemmung)

- **Selbsthemmung im Stillstand[16]:**
  2,4° < φ < 4,5°   (= statische Selbsthemmung)

- **Keine Selbsthemmung:**
  φ > 4,5°

---

15   Entnommen aus: WITTEL/MUHS S. 263
16   Voraussetzungen sind ein vibrationsfreier Betrieb und ein Reibungswinkel
      $\rho_G = 6°$

Aus dem Wirkungsgrad kann die durch die Reibung entstehende Wärmeenergie ermittelt werden, was bedeutet, dass von der erforderlichen Antriebsleistung aus Arbeit und Reibung eine bestimmte Menge in Wärme umgewandelt wird. Selbst eine annähernd genaue Ermittlung der Spindel- und Muttertemperatur ist kaum möglich, da die beiden Gleitpartner unterschiedliche Wärmeleitzahlen und Massewerte aufweisen und die Abstrahlung oder Konvektion nur in der Praxis oder über Versuche ermittelt werden kann. Die aufgrund der Reibung entstehende Wärmeenergie lässt sich über Wirkungsgrad, Einschaltdauerwerte, Materialeigenschaften etc. in der Theorie bestimmen. In der Praxis kann es aufgrund von Abweichungen, wie Schmierfilm nicht optimal verteilt, System nicht optimal ausgerichtet, Verschmutzungen auf der Spindel usw., zu Diskrepanzen zwischen den Werten kommen. Weiterhin sollte darauf geachtet werden, dass die maximale Spindel-/Muttertemperatur nicht wesentlich über 80 °C steigt.

3.5.3 Lebensdauerabschätzung

Entscheidend für die theoretische Ermittlung der Lebensdauer von Spindel-Mutter-Systemen sind die vorstehend genannten Funktionen, wobei zusätzliche Kriterien wie **„Einbaugenauigkeit, Qualität des Schmiermittels, Verschleiß und Abrieb des Bewegungsgewindes"** die Lebensdauer in der Praxis beeinflussen. Das vielfältige Zusammenspiel dieser Kriterien macht eine Berechnung oder genaue Abschätzung der Lebensdauer unmöglich.

Werden alle Einbau- und Wartungserklärungen berücksichtigt, kann man davon ausgehen, dass bei den genannten **Maximalwerten eine Lebensdauer von mindestens 500 Betriebsstunden** zu erwarten ist. Bei entsprechend reduzierten Belastungs- und Leistungswerten erhöht sich die Lebensdauererwartung exponentiell.

Bild 3.14
Trapezgewin-
despindeln
sind bei
maximaler
Last auf eine
Lebensdauer
von 500h
ausgelegt

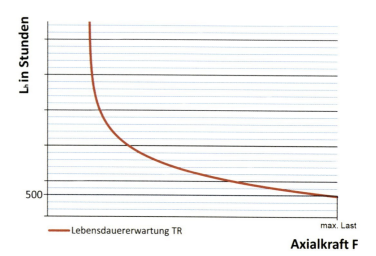

3.5.4 Schmierung

Eine **gleitende Reibung** ist bei einer Werkstoffpaarung „**Stahl/Bronze**" ohne Schmierstoffe oder Gleitmittel nur stark reduziert möglich. So kommt diesem Betriebsmittel die verantwortungsvolle Aufgabe zu, die direkte Berührung der Gleitpartner zu verhindern, die Reibungskräfte so gering als möglich zu halten und die Stabilität und Dicke des Gleitfilms auch bei erhöhten Betriebstemperaturen zu gewährleisten. Dies wird vor allem durch die teilweise hohen Flächenpressungswerte und Gleitgeschwindigkeiten erschwert. Das eingesetzte Fett sollte möglichst druckstabil aufgebaut sein, über gute bis sehr gute Gleiteigenschaften verfügen und darüber hinaus möglichst alterungs- und temperaturbeständig sein. Die fortwährende Weiterentwicklung auf dem Gebiet der Tribologie brachte Schmierfette auf den Markt, welche die vorstehend genannten Anforderungen erfüllen und nach Viskosität (NLGI-Klasse), Struktur (Grundöl und Dickungsmittel) und EP-Zusätzen (Additive) ausgesucht werden können.

Ob der Schmierfilm manuell oder automatisch aufgetragen wird, hängt von der Häufigkeit der Verstellbewegungen und Zugänglichkeit der Schmierstellen ab. Entscheidend ist ein konstanter ausreichend stabiler Schmierfilm mit einer Mindestdicke, die größer als die Summe der beiden Rauhtiefen Rz sein muss.

Dies bedeutet bei einer Annahme der Einhaltung der Mittelwerte der Rauhtiefen eine Dicke des Schmierfilms von mindestens **25 μm**, wobei bei der Erst- und Nachschmierung ein Wert von circa **40 μm** zu empfehlen ist. Vernachlässigt man den Außen- und Kerndurchmesser des Bewegungsgewindes, so kann das erforderliche **Schmiervolumen Vs** über die gesamte Spindellänge L, die Anzahl der Gewindegänge und der Flankenfläche sowie der Schmierfilmdicke wie folgt ermittelt werden:

$$V_S = \frac{L \cdot h \cdot \pi \cdot \left(d^2 - D_1^{\,2}\right)}{P_h \cdot 2}$$

Formel 3.16
erforderliches
Schmierstoff-
volumen

V_s	erforderliches Schmierstoffvolumen	[mm³]
L	Spindellänge	[mm]
h	Dicke des Schmierfilmes	[mm]
d	Nenndurchmesser	[mm]
D_1	Kerndurchmesser Innengewinde	[mm]
P_h	Gewindesteigung	[mm]

Bei der Anwendung der Schmierfette sind unbedingt die **Sicherheitsdatenblätter** zu beachten.

Die Abbildung zeigt zwei Körper in gleitendem Zusammenspiel. Der Schmierfilm verhindert, dass sich die beiden Körper aufgrund der Oberflächenrauheit miteinander verhaken und ein erhöhter Verschleiß und geringerer Wirkungsgrad auftreten.

Bild 3.15
Der Schmier-
film verbes-
sert die Gleit-
eigenschaften
zweier Gleit-
partner auf-
einander

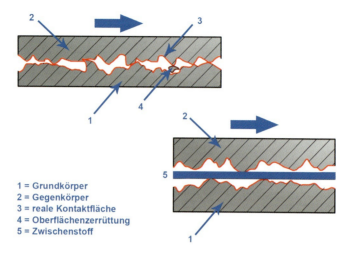

1 = Grundkörper
2 = Gegenkörper
3 = reale Kontaktfläche
4 = Oberflächenzerrüttung
5 = Zwischenstoff

3.5.5 Einbauempfehlungen

Um einen gleichmäßigen, konstanten Schmierfilm erzielen zu können, muss einerseits die Spindel exakt zu den Führungen ausgerichtet
werden, und andererseits darf die Mutter keine Schrägstellung zur
Spindel aufweisen.

Während sich durch eine nicht parallele Ausrichtung von Führung
und Spindel Quer- und Reibkräfte ergeben, wird beim Spindel-Mutter-System zusätzlich der Schmierfilm abgestreift oder zerquetscht.
Bei der Inbetriebnahme einer Anlage ist deshalb während der Einlaufphase eine Kontrolle des Schmierfilmes besonders wichtig, zumal aus dem Abstreifen des Films eine Schräg- und somit Fehlstel-
lung der Mutter abgelesen werden kann. Auch einseitige Tragbilder
des Films deuten auf Verspannungen und somit **erhöhten Verschleiß
und verkürzte Lebensdauer** hin.

Ideal für Hubsysteme ist eine kontrollierte Einlaufsituation, bei der
stufenweise eine Anhebung der Belastung und allmähliche Trag-
bildausbildung erfolgen. Da dies jedoch eher selten vorausgesetzt
werden kann, sind des Öfteren zusätzliche schmiertechnische Maß-
nahmen vonnöten, um eine Überlastung durch unvollständig ausgebildete Traganteile während der Einlaufphase zu vermeiden. Hier
können Gleitlackfilme auf der Basis von Molybdändisulfid kritische

Werte der kurzzeitig auftretenden erhöhten Flächenpressung überbrücken.

Bild 3.16
Schrägstellung verkürzt die Lebensdauer

Eine Messung der Stromaufnahme des Motors kann wertvolle Hinweise für eine fachgerechte Montage und die Funktionsfähigkeit der Bauteile und Anlage bringen.

3.6 Muttern mit Kugelgewinde

3.6.1 Angaben zur Herstellung und zur Funktion

Bild 3.17
Kugelgewindemutter mit Einzelflansch

Ob ein Kugelgewindesystem seine Funktionalität und theoretische Lebensdauer auch in der Praxis erzielen kann, hängt maßgeblich von der Qualität der Kugelgewindemutter ab. Dabei muss auf Kennwerte der Oberflächenhärte, der Materialien und der Genauigkeiten geachtet werden.

Kugelgewindemuttern werden aus **Einsatzstahl 15CrNi 6** oder
16MnCr 5 vorgedreht, einsatzgehärtet und anschließend geschliffen,
wobei die Kugellaufbahn ebenso wie die Spindel mit einem speziellen Spitzbogenprofil versehen wird und eine Oberflächenhärte von
ca. **60 HRc** besitzt. Die verwendeten **Kugeln,** welche die Kraftübertragung zwischen Spindel und Mutter übernehmen, besitzen die
höchstmögliche Genauigkeitsklasse mit einer Härte von ca. **63 HRc.**
Da die Kugeln sich in einem umlaufenden System befinden und vom
Mutternende immer wieder in den Mutternanfang geleitet werden
müssen, sind Kugelrückführungen erforderlich, auch bezeichnet als
Umlenkstücke. Um höhere Kräfte übertragen bzw. höhere Lebensdauerwerte erzielen zu können, fertigt man die Muttern mit **mehreren Umläufen.** Somit kann die Hub- oder Verstellkraft auf viele
Kugeln verteilt werden. Die Präzision der einzelnen Umläufe in der
Mutter ist wichtig, um eine annähernd gleiche Lastverteilung aller
im System befindlichen Kugeln zu gewährleisten. Die Anzahl der
Umläufe wirkt sich dabei direkt auf die Mutternlänge aus. Bei Platz-
mangel können also nicht unendlich viele Umläufe integriert werden.

Die Funktion des Kugelumlaufsystems sieht für jede Kugellaufbahn
ein eigenes Umlenksystem vor. Während die Kugeln im Umlauf-
system der Mutter die Kräfte übertragen, übernehmen die in den
Umlenkstücken sich befindlichen Kugeln keine Kraftübertragungs-
funktion und sind daher unbelastet. Trotzdem werden die einzelnen
Umlenkstücke durch die hohe Umlaufgeschwindigkeit der Kugeln
extrem belastet, sodass sie gegen Herausdrücken gesichert werden
müssen.

Infolge unterschiedlicher Einsatzfälle sind auch unterschiedliche
Mutterausführungen erforderlich. Während man in einfachen Anwendungen mit **einseitig gerichteten Zug- oder Druckkräften** mit
Einzelmuttern eine ausreichende Betriebssicherheit und Lebensdauer erzielt, erfordern hohe **dynamische Kräfte in beide Richtungen**
die aufwendigere Konstruktion von **Doppelmuttern mit „X"- oder
„O"-Vorspannung.**

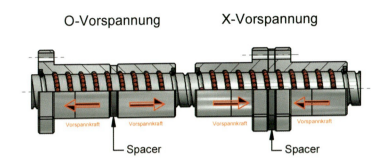

Bild 3.18
Kugel-
gewinde-
muttern
mit Vor-
spannung

3.6.2 Berechnung der Lebensdauer

Wie in Kapitel 1.3.3 „EMAT" erwähnt, resultiert bei linearen Antriebssystemen die translatorische Bewegung der Mutter in der Regel aus einer rotorischen Bewegung der Spindel. Alle Ansätze für die folgenden Berechnungen von Kugelgewindesystemen sind deshalb nur auf dieses Prinzip bezogen.

3.6.2.1 Wirkungsgrad bei Kugelgewindetrieben KGT

Bedingt durch das System der Rollreibung wird selbst bei sehr kleinen Gewindesteigungen noch ein Wirkungsgrad η von **über 90 %** erreicht. Eine Selbsthemmung ist bei Kugelgewindesystemen in keinem Fall gegeben.

3.6.2.2 Begriffe „dynamische Tragzahl" C_{dyn} und „statische Tragzahl" C_{stat}

Unter der **dynamischen Tragzahl C_{dyn}** einer Kugelgewindemutter ist eine axiale, zentrisch wirkende Beanspruchung (in **N**) unveränderlicher Größe und Richtung zu verstehen, bei der eine genügend große Anzahl von Gewindetrieben eine nominelle Lebensdauer von einer Million Umdrehungen erreicht. Da die Mutter im Gegensatz zur Spindel immer in ihrer vollen Länge im Einsatz ist, wird die rechnerische Lebensdauer der Spindel immer über dem Wert der Mutter liegen. Obwohl der relative Nutzungsunterschied bei einem Wert über 10 liegt, beeinträchtigt der abrasive Verschleiß der Kugeln und Laufbahnoberfläche auch die Lebensdauer der Spindellaufflächen negativ.

Um die Berechnung der Lebensdauer eines Kugelgewindesystems realistisch durchführen zu können, ist eine sorgfältige Analyse des Einsatzfalles erforderlich. So sind bei variablen Drehzahlen und Belastungen die äquivalenten (mittleren) Werte gemäß den nachfolgenden Berechnungen zu bestimmen. Des Weiteren hängt eine Übereinstimmung der praktischen und theoretischen Lebensdauerwerte von der Genauigkeit des Einbaus, den Verschmutzungsgrad der Umgebung, der Umgebungstemperatur, sowie den Wartungs- und Schmierzyklen ab.

Wie bei Trapezgewindespindeln sollten auch bei Kugelgewinden eine Überbestimmung sowie Biege- und Querkräfte auf das Spindel-Mutter-System vermieden werden.

Die **statische Tragzahl Co** ist eine als axiale, zentrisch wirkende Beanspruchung (in **N**) zu verstehen, die eine gesamte bleibende Verformung von 0,0001 x Kugeldurchmesser zwischen Kugel und Kugellaufbahn hervorruft.

3.6.2.3 Berechnung von mittlerer Drehzahl n_m und mittlerer Belastung F_m

Bei veränderlicher Drehzahl und Belastung muss bei der Berechnung der Lebensdauer der mittlere Drehzahl- und Belastungswert nach folgenden Formeln ermittelt werden[17]:

- **Mittlere Drehzahl** bei konstanter Belastung

Formel 3.17
mittlere
Drehzahl

$$n_m = \frac{q_1}{100} \cdot n_1 + \frac{q_2}{100} \cdot n_2 + \frac{q_3}{100} \cdot n_3 + \cdots + \frac{q_n}{100} \cdot n_n$$

n_m	mittlere Drehzahl bei konstanter Belastung	[min^{-1}]
$n_1, n_2, n_3, \ldots n_n$	Drehzahl	[min^{-1}]
$q_1, q_2, q_3, \ldots q_n$	Zeitanteil	[%]

- **Mittlere Belastung** bei konstanter Drehzahl

Formel 3.18
mittlere
Belastung

$$F_m = \sqrt[3]{F_1{}^3 \cdot \frac{q_1}{100} + F_2{}^3 \cdot \frac{q_2}{100} + F_3{}^3 \cdot \frac{q_3}{100} + \cdots + F_n{}^3 \cdot \frac{q_n}{100}}$$

F_m	mittlere Belastung	[N]
$F_1, F_2, F_3, \ldots F_n$	Belastung	[N]
$q_1, q_2, q_3, \ldots q_n$	Zeitanteil	[%]

---

17   Entnommen aus: WITTEL/MUHS S. 503

■ **Mittlere Belastung** bei veränderlicher Drehzahl

$$F_m = \sqrt[3]{F_1^{\,3} \cdot \frac{n_1}{n_m} \cdot \frac{q_1}{100} + F_2^{\,3} \cdot \frac{n_2}{n_m} \cdot \frac{q_2}{100} + \cdots + F_n^{\,3} \cdot \frac{n_n}{n_m} \cdot \frac{q_n}{100}}$$

F_m	mittlere Belastung	[N]
$F_1, F_2, F_3, \ldots F_n$	Belastung	[N]
$n_1, n_2, n_3, \ldots n_n$	Drehzahl	[min^{-1}]
$q_1, q_2, q_3, \ldots q_n$	Zeitanteil	[%]

Formel 3.19 mittlere Belastung und veränderlicher Drehzahl

3.6.2.4 Berechnung des Spindeldrehmoments

Ausgehend von der erforderlichen Axialkraft **F** oder F_m benötigt man ein Spindeldrehmoment M_2.

$$M_2 = \frac{F_{dyn}}{2 \cdot \pi \cdot \eta_H} \cdot P_h$$

M_2	Spindeldrehmoment	[Nm]
F_{dyn}	Axialkraft dynamisch (=Hubkraft)	[kN]
η_H	Wirkungsgrad Spindel	
P_h	Spindelsteigung	[mm]

Formel 3.20 Spindeldrehmoment

Aufgrund der Rollreibung im Kugelgewindesystem kann von einem Wirkungsgrad von η = 0,9 ausgegangen werden.

3.6.2.5 Berechnung der Lebensdauer

$$L_h = \left(\frac{C_{dyn}}{F_{dyn}}\right)^3 \cdot \frac{10^6}{n_2 \cdot 60}$$

L_h	Lebensdauer	[h]
C_{dyn}	dynamische Tragzahl	[kN]
F_{dyn}	Axialkraft dynamisch (=Hubkraft)	[kN]
n_2	Drehzahl der Spindel / Mutter	[min^{-1}]

Formel 3.21 Lebensdauer von Kugelgewinde

3.6.3 Schmierung

Die Schmierung von Kugelgewindesystemen weicht durch die **rollende Reibung** wesentlich von der gleitenden Reibung ab und ähnelt der Schmierung von Wälzlagern. Während Wälzlager meistens in geschlossenen Gehäusen eingesetzt werden, ist dies bei Kugelgewindesystemen nicht der Fall, sodass man von einem „offenen System" spricht. Damit kommt als Schmiermittel nur ein hochwertiges Wälzlagerfett in Betracht, welches die Reibung vermindern und damit die Lebensdauer erhöhen soll. So sind generell Fette zu empfehlen, die eine hohe Druckaufnahme, Haftfähigkeit, Walkstabilität und eine ausreichende Korrosions- und Alterungsbeständigkeit besitzen. Anders als bei Spindeln mit gleitender Reibung ist im normalen Einsatzfall erst nach 500 Betriebsstunden eine Nachschmierung notwendig. Es empfiehlt sich jedoch, vor dem Nachschmieren die Spindel zu säubern, um metallischen Abrieb und Schmutzpartikel sorgfältig zu entfernen, zumal Kugelgewindesysteme gegenüber Gleitspindeln wesentlich empfindlicher auf Fremdpartikel und Stoßbelastungen reagieren.

Als generelle Empfehlung für die Schmierung von Kugelgewindesystemen bei normalen Betriebsbedingungen und Temperaturen (-10 bis + 100 °C) kann auf ein Hochtemperatur-Schmierfett nach DIN 51825, auf der Basis von mineralischem Grundöl und Polyharnstoff, der NLGI-Klasse 1 und EP Zusätzen mit einer Walkpenetration 310/345 nach DIN/ISO 2137 zurückgegriffen werden, welches sich im praktischen Einsatz ausgezeichnet bewährt hat.

3.6.4 Einbauempfehlungen

Für den Einbau von Kugelgewindesystemen gelten die gleichen Richtlinien in Bezug auf Genauigkeit und Präzision wie bei den Gleitgewindesystemen[18]. Die nachstehende Einbauskizze zeigt ein negatives Einbaubeispiel eines Kugelgewindesystems durch einen Winkelfehler zwischen Spindel- und Mutterachse und die daraus resultierende Überlastung der Kugeln.

---

18   Siehe Kapitel 3.5.5 „Einbauempfehlungen"

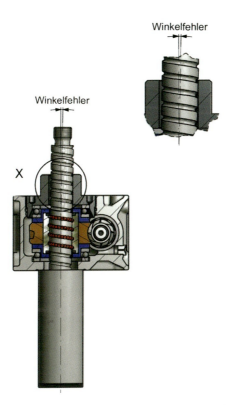

Bild 3.19
Hubgetriebe
mit Kugelge-
windespindel.
Winkelfehler
sind zu ver-
meiden.

Kugelgewindesysteme sind **Präzisionselemente** und dürfen **keinen stoßartigen Belastungen** ausgesetzt werden, da bereits ein einmaliges Anfahren gegen einen Festanschlag das System nachhaltig beschädigen kann. Ferner darf die Mutter nicht ohne die Verwendung einer Montagehülse von der Spindel entfernt werden, da sonst die Kugeln aus den Umlaufbahnen herausfallen können. Nachdem keine hohen Reibwerte und Temperaturen durch den Wirkungsgrad von 90 % im System anfallen (Energieumwandlung in Wärme ca. 10 %), sind Betriebstemperaturen bis maximal 120 °C möglich, wobei das Schmiermittel auf die höhere Temperatur abgestimmt sein sollte.

3.7   Berechnungsbeispiel

Beispiel A

Es liegt eine maximale Belastung **von 120 kN** auf einer **Bewegungs-spindel TR 60x12.**

Gesucht sind die **erforderliche Mutterlänge,** der **Gewindewir-kungsgrad,** eine Aussage über die **Hemmung im Gewinde,** eine ungefähre Abschätzung der Lebensdauer, wobei durch die Kinematik der Schwenkbewegung nur von einer **mittleren Belastung von 100 kN** ausgegangen wird. Weiterhin wird eine Aussage über die Erst-befettung bei der Montage erwartet. Die Hublänge beträgt 800 mm.

Hubkraft F   = 120 kN
Spindel   = TR 60x12

Beispiel B

Bild 3.20
Hubanlage
für Berech-
nungsbei-
spiele

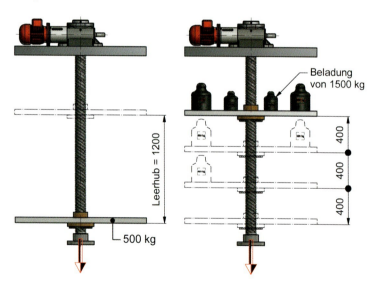

Weiterhin ist für eine innerbetriebliche Stapelvorrichtung mit hoher Taktfrequenz ein **Kugelgewindesystem** vorgesehen, welches folgen-de Vorgaben zu erfüllen hat:

Bei einem Gesamthub von **1 200 mm** und einer **zugbelasteten Spin-del** (Lagerung und Antrieb wurden oben liegend angeordnet) führt die Mutter zuerst einen Leerhub mit dem Eigengewicht der Plattform **m = 500 kg** nach oben aus. Nun erfolgt eine **Beladung mit 1 500 kg.** Anschließend wird die Last in **3 Teilhüben** gesenkt, wobei sich alle **400 mm Weg** die Last durch eine Entladung um je **500 kg** reduziert.

Die erforderliche Zeit für das Be- und Entladen beträgt je **12 Sekunden,** als **gesamte Taktzeit** für Stillstand und Fahrzeit besteht eine Vorgabe von **2 Minuten,** was bedeutet, dass 48 s zum Be- und Entladen benötigt werden und 72 s Fahrzeit zur Verfügung steht. Um die Taktzeit so gering wie möglich zu halten, wird festgelegt, die Fahrstrecke von 1 200 mm und die geringste Last mit der dreifachen Hubgeschwindigkeit zu fahren.

Gesucht wird ein Kugelgewindetrieb mit Einzelflanschmutter, welcher nachweislich eine **Lebensdauer** von **8 000 Betriebsstunden** aufweist, was einer Betriebszeit von 6 Jahren bei einschichtigem Betrieb entspricht. Des Weiteren wird das erforderliche **Spindeldrehmoment** zur Bestimmung des Antriebes benötigt.

Hub	$= s_{ges}$	= 1 200 mm
Platte (Leer)		= 500 kg
Beladung		= 1 500 kg
Entladeweg	$= s$	= 400 mm
Be-/Entladung	$= t_{laden}$	= 12 s
Gesamte Taktzeit	= max. 2min	= 120 s
Fahrzeit	$= t_f$	= 72 s

A. Berechnung der Trapezgewindemutter

Schritt 1   **Berechnung der Mutterlänge l**

Schritt 1.1   Berechnung der Länge des Muttergewindes l_1

→ bei Spindel-Mutter-System C45 und G-CuSn12 (GBZ12) liegt der zulässige Flächenpressungswert bei 15 N/mm²

→ Umstellung der Formel zur Berechnung der zulässigen Flächenpressung p_{zul}

→ Formel 3.14

$$→ l_1 = \frac{120000 \text{ N} \cdot 12 \text{ mm}}{15 \text{ N/mm}^2 \cdot 54 \text{ mm} \cdot \pi \cdot 6 \text{ mm}} = 94,3 \text{ mm}$$

Schritt 1.2 Reale Mutterlänge l

→ $l = l_1 + P_h = 94\ mm + 12\ mm = 106\ mm$

→ nächst größere Standardmutterlänge wählen (s. Herstellerunterlagen)

Sollten die Standardmutterlängen nicht passen, muss eine Sonderlänge definiert werden mit l = 120 mm

Schritt 1.3 Überprüfung der festgelegten Mutterlänge

$$→ p_{zul} = \frac{120\ kN \cdot 12\ mm}{120\ mm \cdot 54\ mm \cdot \pi \cdot 6\ mm} = 11{,}79\ N/mm^2$$

Schritt 2   **Grad der Selbsthemmung**

Schritt 2.1 Ermittlung des Gewindesteigungswinkel φ

$$→ \tan\varphi = \frac{P}{d \cdot \pi} = \frac{12\ mm}{54\ mm \cdot \pi} = 0{,}0707$$

→ $\tan^{-1}(0{,}0707) = 4{,}044°$

Schritt 2.2 Überprüfung der Gewindeselbsthemmung[19]

φ = 4,044° < 4,5° (= statische Selbsthemmung)

Schritt 3   Ermittlung des Gewindewirkungsgrades η

$\rho_G = 6°$ Spindel geschmiert, Werkstoffpaarung GBZ12 mit C45

$$\eta = \frac{\tan\varphi}{\tan(\varphi + \rho_G)} = \frac{\tan 4{,}044°}{\tan(4{,}044° + 6°)} = 0{,}399$$

Schritt 4   **Lebensdauerabschätzung**

Aufgrund der äquivalenten Hubkraft von 100 kN kann zur Abschätzung der Lebensdauer die Flächenpressung von 9,8N/mm² hinzugezogen werden. Sofern die sich aus der Hubgeschwindigkeit ergebende Leistung und die daraus resultierende Betriebstemperatur nicht über 80 °C liegt, kann mit einer Lebensdauer von mindestens 1 000 Betriebsstunden gerechnet werden, wenn die Einbau- und Wartungsvorschriften eingehalten werden.

---

19   Siehe Kapitel 3.5.2.2 „Wirkungsgrad"

B. Berechnung der Kugelgewindespindel

Schritt 1   **Vorwahl eines Kugelgewindetriebes**

Die Vorwahl kann am schnellsten über die entsprechenden Herstellerunterlagen getroffen werden, entsprechend Katalog 3 „Hubgetriebe kubisch", Katalog 4 „Hubgetriebe Classic" und Katalog 8 „Schnellhubgetriebe".

→ KGT50x10 C_{dyn} = 68,70 kN (dynamisch),
C_{stat} = 155,80 kN (statisch)

Schritt 2   **Ermittlung der erforderlichen Drehzahlen n der Spindel**

Schritt 2.1   Erzielung der gewünschten Fahr- und Taktzeit von 72 s bzw. 120 s

→ 4 Teilstrecken = 1 x Beladung und 3 x Entladung

$$→ t = \frac{72\ s}{4} = 18\ s$$

Schritt 2.2   Ermittlung der Geschwindigkeit v

$$V_1 = \frac{1\ 200\ mm}{18\ s} = 66,67\ mm/s$$

→ 4 000 mm/min

Schritt 2.3   Berechnung der erforderlichen Beladungsdrehzahl n_1

$$→ n_1 = \frac{4\ 000\ mm/min}{10\ mm} = 400\ min^{-1}$$

Schritt 2.4   Berechnung der erforderlichen Entladungsdrehzahl n_2, n_3, n_4

$$→ n_2 = n_3 = n_4 = \frac{400\ mm}{18\ s} = 22,22\ mm/s$$

= 1 333,3 mm/min

= 133,3 min^{-1}

Schritt 3   **Ermittlung der mittleren Drehzahl**

Formel 3.17

Schritt 3.1   Ermittlung des Zeitanteils

$$q_1 = \frac{18\ s}{72\ s} \cdot 100\ \% = 25\ \%$$

$q_1 = q_2 = q_3 = q_4$

Schritt 3.2   Berechnung der mittleren Drehzahl

$$n_m = \frac{25\ \%}{100} \cdot 400\ min^{-1} + \frac{25\ \%}{100} \cdot 133,3\ min^{-1} + \frac{25\ \%}{100} \cdot$$

$$133,3\ min^{-1} + \frac{25\ \%}{100} \cdot 133,3\ min^{-1} = 199,98\ min^{-1}$$

Schritt 4   **Ermittlung der mittleren Belastung F_m bei konstanter Drehzahl**

Formel 3.18

$$F_m = \sqrt[3]{(5\ kN)^3 \cdot \frac{25\ \%}{100} + (10\ kN)^3 \cdot \frac{25\ \%}{100} +}$$

$$\overline{15\ kN)^3 \cdot \frac{25\ \%}{100} + (20\ kN)^3 \cdot \frac{25\ \%}{100}} = 14,6\ kN$$

Schritt 5   **Nachweis der Lebensdauer L_h**

Formel 3.21

$$L_h = \left(\frac{68,7\ kN}{14,6\ kN}\right)^3 \cdot \frac{10^6}{199,98\ min^{-1} \cdot 60} = 8\ 683\ h$$

$8\ 683\ h > 8\ 000\ h$

Schritt 6   **Ermittlung des erforderlichen Spindeldrehmoments T**

Nachdem die Formel nur für die Bewegung „Heben" gültig ist, kann zur Ermittlung des Spindeldrehmoments T mit der mittleren Belastung F_m gerechnet werden.

Formel 3.20

$$M_2 = \frac{14,6\ kN}{2 \cdot \pi \cdot 0,9} \cdot 10\ mm = 25,8\ Nm$$

Bei der Bemessung des Antriebes ist zu berücksichtigen, dass **keine Selbsthemmung** im System vorhanden ist und das **Haltemoment** auf die maximale Belastung von **20 kN** ausgelegt werden muss. Dieser Wert ist auch für die Auslegung von **vorgeschalteten Getriebekomponenten**, sowie für die **erforderliche Haltebremse** relevant.

Weiterhin ist zu beachten, dass für die Auslegung der Motorgröße, auch der Wirkungsgrad des Getriebes berücksichtigt wird.

3.7.1 Fazit

Die gewählte Auslegung des Spindel-Mutter-Systems mit dem Bewegungsgewinde **TR 60 x 12** und einer Mutterlänge von **120 mm** ist **konstruktiv ausreichend bemessen**.

Der Nachweis der **erforderlichen Lebensdauer** von **8 000 Stunden** für das Kugelgewindesystem konnte erbracht werden.

3.8 Literatur

BÖGE, Alfred (Hrsg.)	„Handbuch Maschinenbau – Grundlagen und Anwendungen der Maschinenbau-Technik", 20. Aufl., Wiesbaden: Vieweg+Teubner, 2011
FISCHER, HEINZLER, NÄHER, PAETZOLD, GOMERINGER, KILGUS, OESTERLE, STEPHAN	„Tabellenbuch Metall", 44. neu bearbeitete Aufl., Haan-Gruiten: Europa Lehrmittel, 2008
WEIßBACH, Wolfgang	„Werkstoffkunde – Strukturen, Eigenschaften, Prüfung", 18. Aufl., Wiesbaden: Vieweg+Teubner, 2012
WITTEL, Herbert; MUHS, Dieter; JANNASCH, Dieter; VOßIEK, Joachim	„Roloff/Matek Maschinenelemente – Normung, Berechnung, Gestaltung", 19. Aufl., Wiesbaden: Vieweg+Teubner, 2009

Hubgetriebe mit Kreuzgelenk für Tagebau

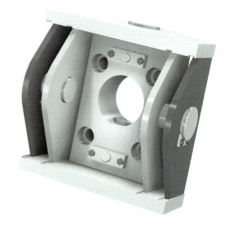

Für die Förderung von Kohle, Erzen, Granit etc. werden für die Umlenkung der Teile sogenannte Prallplatten verwendet. Diese Platten müssen schwenkbar sein – sowohl in X- als auch in Y-Richtung. Dafür hat die Firma GROB ein Kreuzgelenk für Hubgetriebe entwickelt. Damit kann das Hubgetriebe in alle Richtungen schwenken und Querkräfte können in allen Richtungen vermieden werden.

Leistungsdaten:

Baugröße:	BJ4
Belastung:	50.000 N – stoßartige Belastung
Hubgeschwindigkeit:	1,5 m/min
Umgebungstemperatur:	-43° bis +40 °C

4 Standardhubgetriebe

Inhalt

4.1 Hubgetriebe mit kubischer Gehäuseform

Die kubischen Getriebebaureihen MJ und BJ werden in 11 verschiedenen Baugrößen sowie je **2 Bauarten** gefertigt. Abhängig von der Baugröße können maximale **Belastungen von 2,5 bis 500 kN** realisiert werden.

In diesem Kapitel werden verschiedene Konstruktions- und Einsatzmerkmale sowie die Auslegung der Hubgetriebe näher beschrieben und erklärt. Daraus können Vor- und Nachteile zu anderen Baureihen wie Hochleistungshubgetrieben oder Schnellhubgetrieben abgeleitet und besser eingeschätzt werden.

4.1.1 Einsatzmerkmale

Die Baureihe mit kubischer Gehäuseform besticht durch ihren **einfachen, unkomplexen Aufbau,** welcher sich nur auf die notwendigen Kraftübertragungselemente beschränkt. Durch ein modulares System von Anbauteilen ist eine kundenspezifische Modifikation kostengünstig und schnell umzusetzen.

Neben den Standard-Anbauteilen können auch verschiedene Sonderausführungen realisiert werden. Darunter fallen beispielsweise **Atex-Spezifikation,** Einplanen von **Sägengewinden** für hohe statische Belastungen oder **hochpräzise spielarme Verstelleinheiten.**

4.1.2 Konstruktionsmerkmale

Optisches Merkmal dieser Hubgetriebereihe ist die **kubische Gehäuseform,** welche gegenüber der klassischen Form durch die allseitig bearbeiteten Flächen bessere Anbaumöglichkeiten an verschiedene Konstruktionen bietet. Auch das Erscheinungsbild und die Einheitlichkeit einer Anlage oder Maschine werden des Öfteren für diese Hubgetriebereihe sprechen. Als Gehäusematerialien sind bei kleinen Baugrößen Aluminiumlegierungen[1], bei mittleren Größen Grauguss und bei Hubgetrieben mit höherer Tragkraft Sphäroguss[2] in Verwen-

---

[1]   Nach DIN EN 1706 AC-Al SI12
[2]   Gusseisen mit Kugelgraphit (GGG40) DIN EN 1561

dung. Weitere Gehäusematerialien wie z. B. Edelstahl bzw. Gehäusebehandlungen wie Verzinken sind ohne Weiteres möglich.

Druckgussgehäuse

Sandgussgehäuse

Bild 4.1
Gussgehäuse
allseitig bear-
beitet (links),
Druckguss-
gehäuse mit
weniger Mate-
rialeinsatz
(rechts)

Hubgetriebe mit kubischer Gehäuseform sind mit einer Zylinder-
Schnecke und einem Globoid-Schneckenrad als Untersetzungsgetriebe ausgestattet, welches entweder eine ein- oder mehrgängige Schnecke besitzt. Der Katalog 3 „Hubgetriebe kubisch" gibt Auskunft über
die möglichen Untersetzungen des Schneckengetriebes. Als Material
für die Schneckenwelle ist ein unlegierter Einsatzstahl[3] in Verwendung, welcher jedoch weder gehärtet noch geschliffen ist. Somit
sind kundenspezifische Anforderungen an die Antriebswelle (z. B.
für Drehgeberanbau) im Gegensatz zu gehärteten Schneckenwellen
leichter zu realisieren. Die Schneckenwelle ist beidseitig mittels Kugellager gelagert und am Gehäuseaustritt über Wellendichtringe in
NBR-Qualität abgedichtet. Das Schneckenrad besteht aus einer Zinn-
bronze[4] und ist ebenfalls beidseitig über Axial-Kugellager oder bei
höheren Belastungen über Axial-Pendelrollenlager gelagert. In der
Standardausführung wird ein hochwertiges Getriebefett eingesetzt,
welches auch zur Schmierung der Spindel geeignet ist. Somit erfolgt
keine unzulässige Vermengung mit verschiedenen, nicht kompatib-
len Fettarten. Wird aufgrund von technischen Gesichtspunkten eine
Ölfüllung notwendig, können im Vorgang die Getriebe auch speziell
angepasst und abgedichtet werden.

---

3   Für MJ0-MJ4 wird ETG100 (Wrkst.Nr.: 1.0727) eingesetzt und für MJ5-BJ5 ist
     42CrMo4 (Wrkst.Nr.: 1.7225) in Verwendung
4   MJ0-MJ4: GBZ12; MJ5-BJ5: CuZn40 Al2

Bild 4.2
Durch
ein- oder
mehrgängige
Schnecken-
wellen können
verschiedene
Untersetzun-
gen realisiert
werden

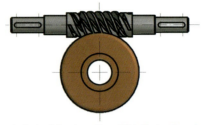

mehrgängige Schneckenwelle und Globoidschneckenrad

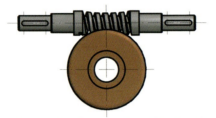

eingängige Globoidschneckenwelle und Schneckenrad

Bild 4.3
Schnecken-
welle und
-rad sind je
nach Be-
lastung mit
Kugel-,
Pendel-
oder Kegel-
rollenlager
gelagert

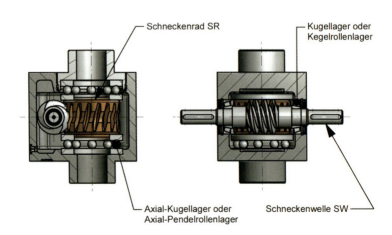

Schneckenrad SR

Kugellager oder
Kegelrollenlager

Axial-Kugellager oder
Axial-Pendelrollenlager

Schneckenwelle SW

Siehe hierzu Kapitel 3 „Bewegungsspindeln und Muttern", 3.5.4
Schmierung auf Seite 31 f., sowie die empfohlene Fettspezifikation.

4.1.2.1 Funktionsweise der Grundausführung

Bei der Grundausführung wird durch einen rotatorischen Antrieb (z. B. Elektromotor) eine Schneckenwelle angetrieben. Diese versetzt ein Schneckenrad in eine Drehbewegung. Das Schneckenrad ist standardmäßig mit einem Trapezgewinde DIN 103 (m) versehen. Durch eine bauseitige Befestigung des Spindelkopfes oder durch eine getriebeseitige Verdrehsicherung der Spindel wird eine lineare Hubbewegung erzeugt. Die **Hubspindel durchfährt** dabei das Hubgetriebe.

Im Gehäuse befinden sich Gewindebohrungen zum Befestigen der Hubgetriebe. Auf der gegenüberliegenden Seite des Spindelkopfes wird die Hubspindel durch ein Schutzrohr geschützt.

Bild 4.4
Hubbewegung der Grundausführung kubisch

4.1.2.2 Funktionsweise der Laufmutterausführung

Auch bei der Laufmutterausführung wird durch einen rotatorischen Antrieb (z. B. Elektromotor) eine Schneckenwelle angetrieben. Diese versetzt das Schneckenrad in eine Drehbewegung, welches formschlüssig mit der Hubspindel verbunden ist und somit die Rotation überträgt. Auf der Hubspindel befindet sich die Laufmutter, auf der die Last aufliegt. Die Last sorgt **bauseitig für die Verdrehsicherung** der Laufmutter. Somit versetzt die **rotierende Hubspindel die Laufmutter** in eine lineare Hubbewegung.

Im Gehäuse befinden sich Gewindebohrungen zum Befestigen der Hubgetriebe.

4.1.2.3 Ölschmierung

Standard-Hubgetriebe in Grund- und Laufmutterausführung werden auf Kundenwunsch auch mit Ölschmierung ausgestattet.

Vorteile:

- Durch bessere Wärmeabfuhr nach außen ist eine höhere Einschalt-dauer ED möglich[5]
- Eingangsdrehzahl des Getriebes kann erhöht werden[6]

Grundausführung:

Damit das Getriebe in der Grundausführung mit Öl geschmiert wer-den kann, muss im Getriebe ein separates Schmiersystem für die Ver-zahnung eingeführt werden. Dafür werden Radialwellendichtringe zwischen Schneckenrad und Gehäuse platziert.

---

5   Bei einem Standardgetriebe mit Trapezgewindespindel wird allgemein eine Ein-schaltdauer von 20 %/h zugelassen

6   Standard-Drehzahl bei kubischen Hubgetrieben mit Fettfüllung liegt bei 1 500 min^{-1} siehe Katalog 3

Laufmutterausführung:

Bei dieser Ausführung ist die Spindel im Bereich des Gehäuses ohne Gewinde, sodass über einen zusätzlichen Radialwellendichtring eine vollständige Kapselung des Getriebegehäuses erzielt wird.

4.1.2.4 Getriebe mit Kugelgewindespindel

Alternativ zur Ausführung mit selbsthemmender Trapezgewinde-spindel können die Hubgetriebe der Baureihe MJ0 bis MJ5 und BJ1 bis BJ5 auch mit Kugelgewindespindeln (KGT) ausgestattet werden, wobei die Hubgetriebe der Grundausführung grundsätzlich eine Aus-drehsicherung (AS) besitzen, um ein unbeabsichtigtes Entfernen der Spindel aus der Mutter zu vermeiden, da keine Selbsthemmung ge-geben ist.

Sofern die Aufgabenstellung und die Wünsche des Kunden die Ver-wendung eines einfachen und robusten Hubgetriebes zulassen, soll-te die Baureihe MJ/BJ bevorzugt eingesetzt werden.

4.2 Hubgetriebe mit klassischer Gehäuseform

Standardhubgetriebe mit klassischer Gehäuseform unterscheiden sich **sowohl optisch** als auch durch ein **aufwendigeres Konstruk-tionsprinzip** von den Hubgetrieben mit kubischem Gehäuse. Sie tragen die **Typenbezeichnung MC 0,5 bis MC 200** und sind in 13 Größen und je 2 Ausführungen (Grundausführung und Laufmutter-ausführung) erhältlich. Ausführliche Herstellerunterlagen beinhalten alle erforderlichen Angaben und technischen Daten, mögliche Aus-führungen mit Maßblättern und schließen ferner ein auf die Hubge-triebe abgestimmtes Zubehör mit ein.

Bild 4.6
Klassische
Hubgetriebe-
gehäuse, mit
steigender
Baugröße
ändert sich
die Form
für höhere
Belastungen

4.2.1 Einsatzmerkmale

Wie auch mit der **Baureihe MJ/BJ** können mit der **Baureihe MC** Ansprüche an Hubgetriebe mit zusätzlich ausgestatteten Sicherheitseinrichtungen abgedeckt oder Vorschriften für Hebe- oder Theaterbühnenantriebe eingehalten werden. Des Weiteren sind, wie auch bei kubischen Getrieben, aufgrund des variablen Konstruktionsaufbaus modifizierte Ausführungen mit Sägegewinde- oder Kugelgewindespindeln möglich.

4.2.2 Konstruktionsmerkmale

Hubgetriebe der Baureihe **MC** sind ebenso wie die Baureihe **MJ/BJ** mit einer **Zylinder-Schnecke** und einem **Globoid-Schneckenrad** als Untersetzungsgetriebe ausgestattet, welches entweder eine ein- oder mehrgängige Schnecke besitzt. Als Material für die Schneckenwelle kommen verschiedene Materialien zum Einsatz. Abhängig von der Baugröße werden standardmäßig die Stähle 16MnCr5, 42CrMo4 und ETG100 verbaut. Ausschlaggebend dabei ist die Härte der jeweiligen Werkstoffe. Die Lagerung der Schneckenwelle erfolgt über Wälzlager und zusätzliche Lagerdeckel mit integrierten NBR-Wellendichtringen. Das Schneckenrad ist beidseitig über vorgespannte Axial-Rillenkugellager gelagert und nicht abgedichtet, sodass als Schmiermittel ein Getriebefett eingesetzt wird, welches auch zur Schmierung der **Spindel** mit **Trapez-** oder **Sägegewinde** geeignet ist. In der **Standardausführung** kommen Spindeln mit **Trapezgewinde** nach DIN 106 (m) zum Einsatz, **alternativ** auch **Kugelgewindespindeln** nach

DIN 69051. Die Gehäuse der Baugrößen MC 2,5 bis MC 35 sowie die Größe MC 75 bestehen aus Sphäroguss GGG 60[7], alle weiteren Größen aus Stahlguss GS 52[8]. Auf Wunsch können die Gehäuse auch aus rost- und säurebeständigem Stahlguss geliefert werden. Weiterhin sind auch hier Gehäusebehandlungen möglich.

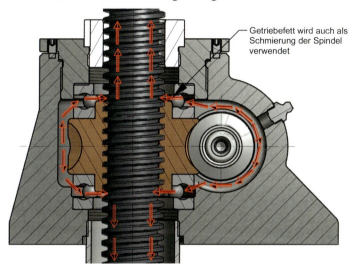

Getriebefett wird auch als Schmierung der Spindel verwendet

Bild 4.7
Schmiermittelfluss im Hubgetriebe

4.2.2.1 Funktionsweise Grundausführung

Die Funktionsweise der Grundausführung unterscheidet sich nicht von der kubischen Getriebeausführung. Sowohl Wirkungsprinzipien als auch -komponenten entsprechen einander[9]. Lediglich die Anschraubmöglichkeit weicht ab. Durch die **Anschraubplatte** der klassischen Bauform können Befestigungsschrauben ohne Zusatzanbauteile von oben eingebracht werden.

---

7   Werkstoffnummer 0.7060
8   Werkstoffnummer 1.0552
9   Siehe Kapitel 4.1.2 „Konstruktionsmerkmale"

4.2.2.2 Funktionsweise Laufmutterausführung

Auch die Laufmutterausführung der MC-Baureihe unterscheidet sich nicht durch abweichende Funktionsprinzipien von der kubischen Baureihe. Ebenso wie die kubische Form bietet auch die klassische Form die Möglichkeit, die Spindelausrichtung zu variieren.

Die Abmaße aller klassischen Getriebetypen können in den Herstellerunterlagen eingesehen werden.

4.3 Laufmuttertypen

Da vor allem im Sondermaschinenbau immer wieder unterschiedliche Anforderungen an die Geometrie gestellt werden, gibt es bei der Laufmutterausführung die Möglichkeit, unterschiedlich ausgeführte Laufmuttern zum Einsatz zu bringen. Die Funktionsweise der Standard-Laufmuttertypen und deren Leistungsdaten sind auch bei abweichender Geometrie vollständig identisch.

4.3.1 Standard-Laufmuttertypen

Für die Standardtypen wird als Werkstoff Gbz12 eingesetzt. Da diese Typen die Belastung direkt aufnehmen, muss eine ausreichend hohe Tragzahl gewährleistet werden.

Dieser Muttertyp ist der am häufigsten eingesetzte Typ. Flansch und Bohrbild bieten für verschiedene Anbauteile sehr gute Befestigungsmöglichkeiten. Durch Standardbauteile wie Mutterkonsolen oder Kardanadapter können verschiedene Einbausituationen ohne großen Zusatzaufwand umgesetzt werden. Der zylindrische Hals der Mutter kann auch als Passung ausgeführt werden, sodass durch das Hubgetriebe eine Zentrierung von Lasten umgesetzt werden.

Bild 4.10
Einzelflanschmutter
„EFM"

Diese Ausführung kommt bei schwenkenden Getrieben bzw. schwenkenden Lasten zum Einsatz. Die Schwenkbewegung kann nur in einer Richtung ausgeführt werden. Die guten Notlaufeigenschaften von Gbz12 verhindern, dass es zwischen Anbau und Laufmutter zum Fressen kommt. Weiterhin müssen keine Zusatzkosten für Gleitlager o. Ä. eingeplant werden.

Bild 4.11
Laufmutter
mit Schwenkzapfen
„LMK"

Bild 4.12
Laufmutter
mit Schlüs-
selfläche
„LMSW"

Muss die Hubhöhe unter Last auf dem Hubgetriebe manuell eingestellt werden, ohne dass
die Möglichkeit besteht, die Schneckenwelle
zu drehen, wird eine Mutter mit Schlüsselweite
eingesetzt. Durch einen Gabelschlüssel kann
das entsprechende Moment zum Heben oder
Senken der Last aufgebracht werden.

4.3.2 Zusatzmuttern und Sondermuttern

Diese Muttern werden nicht direkt eingesetzt, um die Hubbewegung
unter voller Belastung durchzuführen. Es handelt sich dabei eher
um unterstützende, sichernde Funktionen bzw. Hubbewegungen, die
nicht unter Volllast ausgeführt werden. Aufgrund der geringeren Belastung können auch alternative, weniger widerstandsfähige Werkstoffe wie Kunststoff, Rotguss, Stahl o. Ä. eingesetzt werden.

Bild 4.13
Laufmutter
mit sphäri-
schem Aus-
gleichsstück
„AGS"

Bei Anwendungen, bei denen eine exakt ho-
rizontale Ausrichtung der Last nicht garantiert
werden kann, ist es möglich, kleine Fluch-
tungsfehler über eine sphärische Aufnahme
auszugleichen. Im Gegensatz zur Laufmutter
mit Schwenkzapfen kann hier die Last sowohl
in X- als auch in Y-Richtung gekippt werden.
Nicht zum Einsatz kommt diese, wenn es
tatsächlich um Schwenkbewegungen geht, da
die Bewegungsmöglichkeiten nur minimal sind.

Bild 4.14
Sicherheits-
fangmutter
„SFM", häufig
in Verbindung
mit EFM

Dieser Muttertyp wird vor allem bei Anwendungen mit zusätzlichen Sicherheitsbestimmungen
eingesetzt. Dabei läuft die Sicherheitsmutter
unter der tragenden Mutter mit und kommt nur
dann zum Einsatz, wenn das Gewinde der tragenden Mutter komplett[10] verschlissen ist. Die
Sicherheitsfangmutter ist nicht für Dauerbetrieb
unter Last geeignet. Die Anlage ist zu stoppen,
sobald die Laufmutter nicht mehr trägt.

---

10   Aufgrund von Sicherheitsaspekten muss die Laufmutter bei einem Verschleiß
      von 50 % ausgetauscht werden. Der Spalt zwischen EFM und SFM zeigt den
      Verschleiß an

Aufgrund des weniger festen Werkstoffs liegen die Belastungsgrenzen für Hubanlagen unter den von Standard-Laufmuttern. Häufiger wird dieser Muttertyp für Festklemmfunktionen eingesetzt und so eine Last auf einer bestimmten Position fest verspannt.

Bild 4.15
Lange Rotgussmutter „LRM

Die Geometrie und möglichen Anwendungsgebiete unterscheiden sich nicht wesentlich von den Rotgussmuttern. Abhängig vom eingesetzten Kunststoff ergeben sich unterschiedliche Belastungswerte. Der Vorteil von Kunststoffmuttern liegt im geräuscharmen Betrieb und in der chemischen Beständigkeit.

Bild 4.16
Lange Kunststoffmutter „LKM"

Stahlmuttern sind in verschiedenen geometrischen Ausführungen erhältlich. Da die Gefahr des Fressens hier sehr hoch ist, können nur sehr kleine Drehzahlen gefahren werden. Anwendungen sind auch hier Festklemmfunktionen. Vorteil des Werkstoffs ist die leichte Schweißbarkeit.

Bilder 4.17 - 4.19
Stahlmutter „VSM"/ „SSM"/ „KSM"

Kurze Stahl Mutter „KSM"

Sechskant Stahl Mutter „SSM"

Vierkant Stahl Mutter „VSM"

4.4 Auslegungskriterien

Die nachstehenden Informationen, Erklärungen und Berechnungs-
nachweise beziehen sich auf **beide Baureihen MJ/BJ** und **MC,** sofern keine Hinweise auf Einschränkungen erfolgen.

Die vorstehend beschriebenen Hubgetriebe **Baureihen MJ/BJ** und
MC sind **Zeitgetriebe,** d. h., sämtliche funktionsrelevanten Komponenten sind **nicht auf Dauerfestigkeit** ausgelegt. Dies bedeutet eine
sorgfältige Recherche der Betriebsbedingungen sowie die Auswahl
der Hubgetriebe. Da die Bauteile wie **Spindel, Schneckengetriebe**
und **Lagerung** infolge der vorhandenen Fettschmierung keine ausreichende Kühlung erhalten, ist bei der Wahl der Baugröße auf die
Einhaltung der in den Herstellerunterlagen angegebenen maximal
zulässigen Werte für die **Antriebsleistung, Umgebungstemperatur
und Einschaltdauer** besonders zu achten.

Ferner muss bei mehreren hintereinander liegenden Hubgetrieben
das maximal zu übertragende Drehmoment beachtet und falls erforderlich die Verdrehspannung an der maximal belasteten Schneckenwelle geprüft werden.

Bild 4.20
Das Dreh-
moment für
Hubanlagen
muss bis
zu einer
gewissen
Größe wei-
terübertra-
gen werden
können

Bild 4.21
Verteilerge-
triebe, Gelenk-
wellen und
Kupplungen
müssen das
Moment an
die Hubge-
triebe weiter-
leiten

Nachdem bei jeder Hubgetriebegröße zwei Getriebevarianten möglich sind,

Grundausführung   →   **mit axial hebender Spindel**

Laufmutterausführung   →   **mit drehender Spindel** und **Lauf-
                                    mutter**

ergibt sich die Lösung bei der Wahl der Ausführung meist aus dem
zur Verfügung stehenden Einbauraum und konstruktiven Zusammenspiel physikalischer und optischer Bedingungen. Ist der Platz unter
dem Getriebe nicht ausreichend, kann eine Laufmutterausführung
eingesetzt werden. Hier muss bei großen Hublängen wegen der bie-
ge- und drehkritischen Drehzahl der Spindel sowie einer eventuellen
Vibration eine Prüfung der zulässigen Drehzahl nach dem folgenden
Diagramm für Lagerfälle durchgeführt werden. Können Geschwindigkeit und Spindellänge der Anwendung nicht reduziert werden,
kann die Spindel auch mit einem größeren Außendurchmesser oder
größerer Steigung versehen werden.

Kritische Spindeldrehzahl: Die kritische Drehzahl muss nur bei der
Laufmutterausführung beachtet werden, da nur hier eine Rotation der
Spindel auftritt. Zu berücksichtigen sind hier der Durchmesser und
die Länge der Spindel sowie deren Lagerung (s. Lagerfälle).

Bild 4.22
Lagerfälle
für schnel-
laufende
Wellen zur
Berechnung
der kritischen
Drehzahl

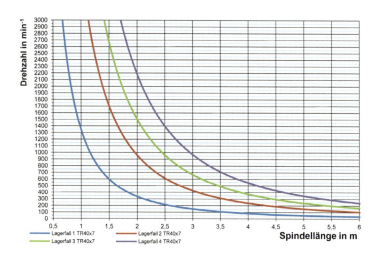

Die Berechnungsgrundlage für die kritische Drehzahl bietet folgende
Formel[11]:

Formel 4.1
kritische
Spindel-
drehzahl

$$n_{krit} = k \cdot d_3 \cdot \frac{1}{l_s^2} \cdot 10^8$$

| n_{krit} | Kritische Drehzahl | [min⁻¹] |

n_{krit} Kritische Drehzahl   [min⁻¹]

k Lagerungskoeffizient

Je nach Lagerfall:

fest-fest   k = 2,73

fest-lose   k = 1,88

lose-lose k = 1,2

fest-frei   k = 0,42

d_3 Kerndurchmesser Hubspindel   [mm]

l_s Unterstützte Spindellänge   [mm]

Die zulässige Spindeldrehzahl ergibt sich dann aus

Formel 4.2
zulässige
Drehzahl

$$n_{2zul} = n_{krit} \cdot 0,8$$

n_{2zul} Zulässige Spindeldrehzahl   [min⁻¹]

n_{krit} Kritische Drehzahl   [min⁻¹]

---

11   Entnommen aus: WITTEL/MUHS [2] S. 363

Die zulässige Drehzahl wird normalerweise ohne die Mutter berechnet. Damit verändert sich die ungestützte Spindellänge permanent und es kann unter Umständen eine höhere Drehzahl zugelassen werden.

Speziell bei **großen Hubhöhen** sollte man versuchen, eine Anordnung des Hubgetriebes mit **zugbelasteter** Spindel zu wählen, um ein mögliches Ausknicken zu vermeiden. Die beiden Kataloge „Hubgetriebe" und „Hubgetriebe Classic" geben Auskunft über die zulässigen Belastungswerte für zug- und druckbelastete Spindeln oder können gemäß Kapitel 3.4 „Spindelberechnung" über die zulässigen Spannungswerte σ_{zul} ermittelt werden. Sollte für die Beanspruchung der Spindel ein **Dauerfestigkeitsnachweis** gefordert sein, muss die Berechnung mit dem **geringsten Querschnitt** durchgeführt werden.

Bei der Auslegung und Planung von Hubgetrieben in Geräten, Maschinen und Anlagen steht die Beurteilung der **erforderlichen und tatsächlich zu erwartenden Lebensdauer** im Mittelpunkt.

Während sich die erforderliche Lebensdauer aus der **jährlichen Laufzeit** der Hubgetriebe in Stunden, multipliziert mit der **gewünschten Lebensdauer in Jahren** ergibt, sind die Hubgetriebe so zu wählen, dass die zu erwartende Lebensdauer **gleich oder größer** der erforderlichen Lebensdauer ist. Nachdem alle beweglichen Bauteile wie Spindel, Mutter, Schneckengetriebe und Lagerungen konstruktiv auf einen ungefähr gleichen Lebensdauerwert abgestimmt sind, kann man bei Einhaltung der in den Wartungs- und Bedienungsanleitungen vorgegebenen Bedingungen von einem **Lebensdauerrichtwert** von **mindestens 500 Stunden Laufzeit** bei den **maximal** genannten Belastungswerten der Herstellerunterlagen ausgehen. Der konstruktiven Festlegung der Bauteilabmessungen der Hubgetriebebaureihen **MJ/BJ** und **MC** liegen die maschinenbautechnischen Regeln der Mechanik und Festigkeitslehre zugrunde.

Die Berechnung der Lager für die Schneckenwelle und das Schneckenrad basiert auf den ermittelten resultierenden Lagerkräften bei maximaler Belastung und den Angaben führender deutscher Lagerhersteller.

Die in den Herstellerunterlagen angegebenen **maximalen Werte** für die **Hub-** und **Zugkraft** der verschiedenen Hubgetriebegrößen beziehen sich ausschließlich auf **statische, ruhende Lasten des Belas-**

tungsfalles 2 mit wiederkehrender Last in einer Richtung (Belastungsfälle s. Kapitel 3.4.1 „Vorwahl des Spindeldurchmessers").

Die zulässigen **dynamischen** Belastungswerte (bei axialer Bewegung der Last) sind abhängig von den Faktoren **Hubgeschwindigkeit, Einschaltdauer und der Umgebungstemperatur.** So wird anhand von praktischen Versuchen die maximal mögliche Antriebsleistung ermittelt, bei der sich ein Gleichgewicht zwischen Energiezuführung, Arbeitsleistung und maximal 80 °C Betriebstemperatur einstellt, wobei von einer Umgebungstemperatur von 20 °C und einer ED von 20 % pro Stunde ausgegangen wird. Eine regelmäßige Nachschmierung der Spindel und fachgerechte Montage der Hubgeräte ist für die Reproduzierbarkeit der Daten eine wichtige Voraussetzung.

Die Ermittlung des **erforderlichen Drehmoments M_1** am Hubgetriebe erfolgt über die Formel

Formel 4.3
erforderliches
Drehmoment
am Hubge-
triebe

$$M_1 = \frac{F_{dyn}}{2 \cdot \pi \cdot \eta_H} \cdot \frac{P_h}{i} + M_L$$

M_1	Antriebsdrehmoment	[Nm]
F_{dyn}	Axialkraft dynamisch (= Hubkraft)	[kN]
η_H	Wirkungsgrad Hubgetriebe	
P_h	Spindelsteigung	[mm]
i	Übersetzung	
M_L	Leerlaufdrehmoment	[Nm]

Damit kann die benötigte Leistung pro Getriebe berechnet werden

Formel 4.4
erforderliche
Antriebsleis-
tung am Hub-
getriebe

$$P = \frac{M_1 \cdot n_1}{9550}$$

P	Leistung	[kW]
M_1	Antriebsdrehmoment	[Nm]
n_1	Antriebsdrehzahl	[min⁻¹]

wobei der Gesamtwirkungsgrad eines Hubgetriebes aus den Einzelwirkungsgraden der Spindel, der Schneckenverzahnung, der Lagerstellen und der Wellendichtringe eingesetzt wird. Beim Einsatz von Standardhubgetrieben kann der Gesamtwirkungsgrad η_{HE} aus den Herstellerunterlagen entnommen werden, bei Modifikationen am Hubgetriebe, z. B. mit verstärkter Spindel bei der Laufmutterausführung oder Spindel mit Sägegewinde, muss der Gesamtwirkungsgrad eines Hubgetriebes gesondert ermittelt bzw. kann von den Hersteller-werten ausgehend umgerechnet werden.

4.5 Tragfähigkeitsnachweis für Schneckengetriebe[12]

Da bei Schneckengetrieben das Wirkungsprinzip auf Reibung basiert, müssen hier gesondert der Verschleiß und ein Werkstoffversagen betrachtet werden. Bei der Nachprüfung des Getriebes werden die Tragfähigkeitsgrenzen **Grübchen, Zahnbruch, Schneckendurch-biegung, Temperatur** und **Verschleiß** betrachtet[13]. Für Schnecken-hubgetriebe ist die Betrachtung der Temperatursicherheit ein wichti-ger Punkt, um die Funktion zu gewährleisten. Deshalb wird schon bei der Auslegung darauf geachtet, dass abhängig von der eingeführten Leistung **maximal 20 % ED/h** vorliegt[14], um eine Überhitzung zu vermeiden. Durch diese Beschränkung kann auf einen Temperatur-nachweis verzichtet werden. Weiterhin können Nachweise für die Temperatursicherheit nur ungenügend die Realität abbilden, da das Thema Thermodynamik zu umfassend ist, um in diesem Fachbuch ausreichend behandelt zu werden. Die Schneckendurchbiegung ent-fällt ebenfalls.

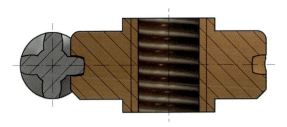

Bild 4.23
Kritischer Punkt der Schnecken-radpaarung

4.5.1 Grübchentragfähigkeit

Grübchen sind ein Verschleißmerkmal, die „bei Überschreitung der zulässigen Beanspruchung (Dauerwälzfestigkeit) oder der Lastspiele im Zeitfestigkeitsgebiet an der Oberfläche durch einzelne muschel-

---

12 Vgl. WITTEL/MUHS S. 783 ff.
13 DIN 3996
14 Siehe auch Kapitel 4.4. „Auslegungskriterien"

förmige Ausbrüche"[15] entstehen. Zugrunde gelegt wird dabei die Wälzpressung, wobei die Kennwerte durch empirische Versuche ermittelt wurden.

Eingeführt wird ein dimensionsloser Kennwert für die minimale mittlere Hertz'sche Pressung

Formel 4.5
minimale
mittlere
Hertz'sche
Pressung

$$p_m^* \approx 1,03 \cdot \left(0,4 + 0,01 \cdot z_2 - 0,083 \cdot \frac{b_{2H}}{m} + \frac{\sqrt{2_q - 1}}{6,9} + \frac{q + 50 \cdot \left(\frac{u+1}{u} \right)}{15,9 + 37,5 \cdot q} \right)$$

p_m^*	Minimale mittlere Hertz'sche Pressung	[N/mm²]
z_2	Zähnezahl des Schneckenrades	
b_{2H}	Radbreite	[mm]
m	Modul des Schneckengetriebes bei $\Sigma = 90°$	[mm]
q	Formzahl der Schnecke, Erfahrungsgemäß $6 \leq q < 17$ (vorzugsweise $q \approx 10$)	
u	Zähnezahlverhältnis	

Bild 4.24
zugrunde
liegende
Radbreite

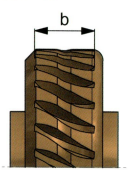

Damit wird die mittlere Flankenpressung

$$\sigma_{Hm} \approx \frac{4}{\pi} \cdot \sqrt{\frac{p_m^* \cdot T_{2eg} \cdot 10^3 \cdot E_{red}}{a^3}}$$

Formel 4.6
mittlere
Flanken-
pressung

σ_{Hm}	Mittlere Flankenpressung	[N/mm²]
p_m^*	Kennwert für die mittlere Herzsche Pressung	[N/mm²]
T_{2eg}	$= T_{2\,nenn} \cdot K_A$ Gefordertes Abtriebsmoment am Schneckenrad	[Nm]

---

15   Entnommen aus: SOMMER/HEINZ S. 303

| E_{red} | Ersatz-E-Modul nach Tabelle 4.2 | [N/mm²] |
| a | Achsabstand | [mm] |

Daraus kann der Grenzwert der Flächenpressung ermittelt werden. Dieser wird ermittelt aus der Grübchenfestigkeit (abhängig vom Schneckenradwerkstoff) und bestimmten mindernden Faktoren.

$$\sigma_{H\,grenz} = \sigma_{H\,lim\,T} \cdot Z_h \cdot Z_v \cdot Z_S \cdot Z_{Oil}$$

Formel 4.7
Grenzwert der Flankenpressung

$\sigma_{H\,grenz}$	Grenzwert der Flankenpressung	[N/mm²]
$\sigma_{H\,lim\,T}$	Grübchenfestigkeit nach Tabelle 4.1	[N/mm²]
Z_h	Lebensdauerfaktor aus Formel 4.8	
Z_v	Geschwindigkeitsfaktor aus Formel 4.9	
Z_S	Baugrößenfaktor aus Formel 4.12	
Z_{Oil}	Schmierstofffaktor. Für Mineralöle und Polyglykole wird $Z_{Oil}{\sim}1$	

Tabelle 4.1   Grübchenfestigkeit

Grübchenfestigkeit $\sigma_{H\,lim\,T}$					
Schnecken-radwerkstoff	GZ-CuSn12	GZ-CuSn12Ni	GZ-CuAl-10Ni	GJS-400	GJL-250
$\sigma_{H\,lim\,T}$ **in N/mm²**	452	520	660	490	350

Wobei

$$Z_h = \left(\frac{25999}{L_h}\right)^{1,6} \leq 1,6$$

Formel 4.8
Lebensdauerfaktor

| Z_h | Lebensdauerfaktor | |
| L_h | Lebensdauer | [h] |

$$Z_v = \sqrt{\frac{5}{(4 + v_{gm})}}$$

Formel 4.9
Geschwindigkeitsfaktor

| Z_v | Geschwindigkeitsfaktor | |
| v_{gm} | Gleitgeschwindigkeit der Schnecke am Mittenkreis | [m/s] |

hier ergibt sich die Gleitgeschwindigkeit mit

Formel 4.10
Gleitge-
schwindig-
keit

$$v_{gm} = \frac{v_{m1}}{\cos\gamma_m}$$

v_{gm}	Mittlere Gleitgeschwindigkeit	[m/s]
v_{m1}	Umfangsgeschwindigkeit	[m/s]
γ_m	Mittensteigungswinkel	[°]

$$\gamma_m = \frac{m \cdot z_1}{d_{m1}}$$

z_1 = Zähnezahl Schneckenwelle

aus der Umfangsgeschwindigkeit

Formel 4.11
Umfangs-
geschwindig-
keit

$$v_{m1} = \frac{\pi \cdot d_{m1} \cdot 10^{-3} \cdot n_1}{60}$$

v_{m1}	Umfangsgeschwindigkeit	[m/s]
d_{m1}	Mittenkreisdurchmesser	[mm]
n_1	Schneckendrehzahl	[min^{-1}]

Formel 4.12
Baugrößen-
faktor

$$Z_S = \sqrt{\frac{3000}{(2900 + a)}}$$

Z_S	Baugrößenfaktor	
a	Achsabstand	[mm]

Die Grübchensicherheit wird ermittelt über

Formel 4.13
Grübchen-
sicherheit

$$S_H = \frac{\sigma_{H\,grenz}}{\sigma_{Hm}} \geq S_{H\,min} = 1{,}0$$

S_H	Grübchensicherheit	
$\sigma_{H\,grenz}$	Grenzwert der Flankenpressung	[N/mm²]
σ_{Hm}	Mittlere Flankenpressung	[N/mm²]
$S_{H\,min}$		

Die zugehörigen empirisch ermittelten Werte können aus den nachfolgenden Tabellen entnommen werden.

Tabelle 4.2   Ersatz E-Modul

Ersatz-E-Modul für Paarung mit einer Stahlwelle (E1 = 210 000 N/mm²)				
Schneckenrad-werkstoff	GZ-CuSn12	GZ-CuSn-12Ni	GZ-Cu-Al10Ni	GJS-400	GJL-250
E_{red} in N/mm²	140 144	150 622	174 053	209 790	146 955

4.5.2 Zahnfußtragfähigkeit

Aufgrund der Kraft, die auf die Zähne von Schneckenrad/-welle wirkt, besteht die Möglichkeit, dass Zähne ausbrechen bzw. sich verformen. Bei einer Werkstoffpaarung von Bronze (Schneckenrad) und 16MnCr5 (Schneckenwelle) brechen in Versuchen ausschließlich die Zähne des Rads.

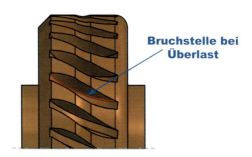

Bruchstelle bei Überlast

Berechnung der vorhandenen Schubspannung

Formel 4.14
Schubspan-
nung an den
Zähnen von
SR/SW

$$\tau_F = \frac{F_{tm2}}{b_2 \cdot m_x} \cdot Y_\varepsilon \cdot Y_F \cdot Y_\gamma \cdot Y_K$$

τ_F	Zahnfußschubspannung	[N/mm²]
F_{tm2}	Umfangskraft an der Schneckenwelle	[N]
b_2	Schneckenradbreite	[mm]
m_x	Axialmodul der Schnecke	[mm]
Y_ε	Überdeckungsfaktor	
Y_F	Formfaktor	
Y_γ	Steigungsfaktor	
Y_K	Kranzdickenfaktor	
Y_K	Kranzdickenfaktor für $S_K \geq = 1,5 \cdot m_x$ wird $Y_K = 1$; für $S_K < 1,5 \cdot m_x$ wird $Y_K = 1,45$	

Für den Überdeckungsfaktor Y_ξ wird meist auf den Normenwert für übliche Ausführungen verwiesen. Dort wird ein Überdeckungsfaktor $Y_\xi = 0,5$ empfohlen (gilt für Zylinderschnecken mit sich rechtwinklig kreuzenden Achsen).

Formfaktor berücksichtigt die Kraftverteilung über die Zahnbreite

Formel 4.15
Formfaktor

$$Y_F = \frac{2,9 \cdot m_x}{1,06 \cdot \left(m_t \cdot \dfrac{\pi}{2} + (d_{m2} - d_{f2}) \cdot \dfrac{\tan \alpha_0}{\cos \gamma_m}\right)}$$

Y_F	Formfaktor	
m_x	Axialmodul der Schnecke	[mm]

m_t	Stirnmodul	[mm]
	Der Modul m_t eines Schneckenrades ist bei einem Achsenwinkel $\Sigma = 90°$ gleich dem Modul m_x	
d_{m2}	Mittenkreisdurchmesser Schneckenrad	[mm]
d_{f2}	Fußkreisdurchmesser Schneckenrad	[mm]
α_0	Eingriffswinkel	[°]
γ_m	Steigungswinkel	[°]

Steigungsfaktor

$$Y_\gamma = \frac{1}{\cos \gamma_m}$$

Formel 4.16
Steigungs-
faktor

Y_γ	Steigungsfaktor	
γ_m	Steigungswinkel	[°]

Der Grenzwert der Schub-Nennspannung am Zahnfuß errechnet sich aus

$$\tau_{FG} = \tau_{F\,lim\,T} \cdot Y_{NL}$$

Formel 4.17
Grenzwert
für Schub-
Nennspan-
nung

τ_{FG}	Grenzwert der Schub-Nennspannung	[N/mm²]
$\tau_{F\,lim\,T}$	Schubdauerfestigkeit des gewählten Schneckenwerkstoffes aus Tabelle 4.3	[N/mm²]
Y_{NL}	Lebensdauerfaktor	

zur Berücksichtigung einer höheren Tragfähigkeit im Zeitfestigkeitsbereich bei Inkaufnahme einer Qualitätsminderung aus Tabelle 4.4.
Für eine Lastspielzahl am Schneckenrad ist
$N_L \geq 3 \cdot 10^6$ ist $Y_{NL} = 1$

Tabelle 4.3   Schubdauerfestigkeit

Nr.	Schnecken-radwerkstoff	Norm	Flanken-härte	$\sigma_{H\,lim}$ N/mm²	E-Modul N/mm²	$Z_E^{2)}$ $\sqrt{N/mm^2}$
1	G-CuSn12	DIN 1705	80 HB	265	88 300	147
2	GZ-CuSn12		95 HB	425		
3	G-CuSn12Ni		90 HB	310	98 100	152
4	GZ-CuSn12Ni		100 HB	520		
5	G-CuSn10Zn		75 HB	350		
6	GZ-CuSn10Zn		85 HB	430		
7	G-CuZn25Al5	DIN 1709	180 HB	500	107 900	157
8	GZ-CuZn25Al5		190 HB	550		
9	GZ-CuAl10Ni[3)]	DIN 1714	160 HB	660	122 600	164
10	GJL-250[3)]	DIN EN 1561	250 HB	350	98 100	152
11	GJS-400[3)]	DIN EN 1563	260 HB	490	175 000	182

[1)] für Schnecken aus **St**, einsatzgehärtet und geschliffen: $\sigma_{H\,lim}$ (Tabellenwerte)

für Schnecken aus **St**, vergütet, ungeschliffen: $0{,}72 \cdot \sigma_{H\,lim}$

für Schnecken aus **GJL**: $0{,}5 \cdot \sigma_{H\,lim}$

[2)] für Schnecken aus **St**: Z_E (Tabellenwerte)

für Schnecken aus **GJL**: $Z_E = \sqrt{(E_1 \cdot E_2)/[2{,}86 \cdot (E_1 + E_2)]}$

mit E_1 für GJL, E nach Tabelle

[3)] für $V_g \le 0{,}5 m/s$ (Handbetrieb)

Tabelle 4.4   Lebensdauerfaktor

Lebensdauerfaktor Y_{NL}			
Lastspielzahl N_L am Schneckenrad	Werkstoffe		
	GJS 400	GZ-CuAl10N	GZ-CuSn12
10^3	2,5	2	2,5
10^4	2,5	2	2,5
10^5	1,8	1,8	1,8
10^6	1,2	1,2	1,2
3×10^6	1	1	1

Die Zahnfußtragsicherheit errechnet sich dann aus

$$S_F = \frac{\tau_{FG}}{\tau_F} \geq S_{F\,min} = 1,1$$

Formel 4.18
Zahfußtragsi-
cherheit

S_F	Zahnfußtragsicherheit	
τ_{FG}	Grenzwert der Schub-Nennspannung	[N/mm²]
τ_F	Zahnfußschubspannung	[N/mm²]
$S_{F\,min}$	Mindestsicherheit	

4.6 Berechnungsbeispiel

Gewählt wird ein Getriebe MJ4 Laufmutterausführung mit verstärkter Spindel TR55x9 (Standardspindel bei MJ5). Die verstärkte
Spindel wird aus Gründen der Knicklänge gewählt. Laut Katalog 3
„Hubgetriebe kubisch" beträgt der Gesamtwirkungsgrad 28,2 % bei
Übersetzung N, der Spindelwirkungsgrad wird bei der Standardspindel TR40x7 mit 36,5 % und bei der Spindel TR55x9 mit 34,8 % an-
gegeben.

$\eta_{HE} = 0,282$

$\eta_{SP-40x7} = 0,365$ (siehe auch Formel 3.9 und Formel 3.15)

$\eta_{SP-55x9} = 0,348$

Gesucht: Gesamtwirkungsgrad des Getriebes mit verstärkter Spindel.

Bild 4.27
MJ4 mit ver-
stärkter Spin-
del TR55x9 in
Laufmutter-
ausführung

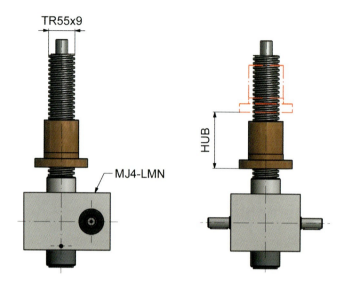

Schritt 1 $\eta_{SHG} = \dfrac{0,282}{0,365} = 0,773$

Schritt 2 $\eta_{ges} = 0,773 * 0,348 = 0,269$

Bei einer Laufmutterausführung mit Fettschmierung im Schnecken-getriebe ist der Gesamtwirkungsgrad eines Hubgetriebes direkt aus dem Katalog zu entnehmen, sofern die Standardspindel verwendet wird.

Aus energetischen Gründen wird bei der Auslegung von Hubanlagen immer die Antriebsleistung **P** so gering als möglich gehalten. Im Um-kehrschluss bedeutet dies, dass die Hubgeschwindigkeit **v** auf einen unbedingt erforderlichen Wert reduziert wird, zumal der Faktor Hub-last $\mathbf{F}_{dyn}$ in der Regel nicht reduzierbar ist. Bei Antriebsleistungen un-terhalb der Maximalwerte der Hubgetriebe und der aus der Reibung resultierenden geringeren Betriebstemperatur steigt die Lebensdauer der beweglichen Teile des Hubgetriebes an, sodass diese Art der Aus-legung der Hubgetriebe eine dauerhafte und langlebige Lösung einer Aufgabenstellung ermöglicht.

Ein weiteres wichtiges Einsatzkriterium ergibt sich aus der Einschalt-dauer und der vorliegenden Umgebungstemperatur. Je mehr Leistung in das Getriebe eingeleitet wird, desto höher ist auch die Gefahr, dass die Betriebstemperatur über 80 °C ansteigt. Da die Temperatur an den Berührstellen wesentlich höher liegt, verändert sich bei zu hoher Temperatur auch die Viskosität des Schmierfetts. Folge ist ein Abriss des Schmierfilms und unter Umständen auch das Austreten des Fetts aus dem Gehäuse.

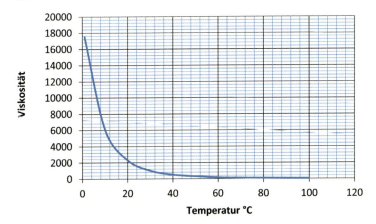

Bild 4.28 Viskosität von Divinol Lithogrease 1500 in Abhängigkeit zur Temperatur

Dieser konstruktive Mangel bei den Standardhubgetrieben in Verbindung mit größeren Anforderungen wie hoher Einschaltdauer, Umgebungstemperatur oder Antriebsleistung wurde schon vor Jahren erkannt und durch eine zusätzliche Hubgetriebebaureihe ergänzt, welche in Kapitel 5 „Hochleistungs-Hubgetriebe Classic" beschrieben wird.

4.7 Literatur

SOMMER, Karl; HEINZ, Rudolf; SCHÖFER, Jörg — „Verschleiß metallischer Werkstoffe – Erscheinungsformen sicher beurteilen", 1. Aufl., Wiesbaden: Vieweg+Teubner, 2010

WITTEL, Herbert; MUHS, Dieter; JANNASCH, Dieter; VOßIEK, Joachim — „Roloff/Matek Maschinenelemente – Normung, Berechnung, Gestaltung", 18. Aufl., Wiesbaden: Vieweg+Teubner, 2007

WITTEL, Herbert; MUHS, Dieter; JANNASCH, Dieter; VOßIEK, Joachim — „Roloff/Matek Maschinenelemente – Normung, Berechnung, Gestaltung", 19. Aufl., Wiesbaden: Vieweg+Teubner, 2009

Hochwasserbrücke in Wertheim

Um die Fußgängerbrücke in Wertheim vor Hochwasser zu schützen, kann diese über vier Hubgetriebe angehoben werden. Dass die Spindelhubgetriebe eine hohe Lebensdauer erreichen und über die gesamte Betriebszeit vor Korrosion geschützt sind, wurde rostfreier Edelstahl für die Spindeln verwendet und zusätzlich die Gehäuse mit spezieller 3-Schicht-Schutzlackierung beschichtet.

Leistungsdaten:

Max. statische Belastung:	250.000 N
Hub:	5600 mm
Schutz:	Faltenbalg, Edelstahl und Beschichtung
Hub pro Umdrehung:	1 mm/Umdr.

5 Hochleistungs-Hubgetriebe Classic

Inhalt

5.1 Einführung

Hochleistungshubgetriebe werden in verschiedenen Baugrößen sowie je 2 Bauarten gefertigt. Abhängig von der Baugröße können maximale Belastungen von bis zu 1 000 kN realisiert werden.

Wie auch im vorhergegangenen Kapitel, werden hier verschiedene Konstruktions- und Einsatzmerkmale sowie die Auslegung der Hubgetriebe näher beschrieben und erklärt. Diese Erklärungen sind ergänzend zu der Ermittlung, welcher Getriebetyp für welche Anwendung eingesetzt werden kann.

5.1.1 Einsatzmerkmale

Aufgrund der konstruktiven Eigenschaften sind herkömmliche Hubgetriebe, wie sie in den vorhergegangenen Kapitel beschrieben wurden, bei großen thermischen Anforderungen, Antriebsdrehzahlen über 1 500 min^{-1} und hoher Einschaltdauer stark eingeschränkt. Aus diesem Grund wurden konstruktiv optimierte Hubgetriebe eingeführt. Dabei ist auch hier eine Modifizierung der Ausführung durch variable Bauteile möglich.

Hochleistungshubgetriebe können mit einer Eingangsdrehzahl von 3 000 min^{-1} und gleichzeitig mit höheren Einschaltdauern betrieben werden. Durch den abgedichteten Aufbau des Getriebekörpers kann ohne Weiteres Öl als Schmiermittel eingesetzt werden.

5.1.2 Konstruktionsmerkmale

Die äußeren Merkmale der Baureihe stellen die höhere Bauform sowie die größere Außenfläche dar. Das Gehäusematerial besteht bei kleineren Ausführungen aus einer Aluminiumlegierung[1], bei größeren Getrieben aus Sphäroguss[2].

---

1   EN AC Al Si12
2   EN 1563 (GGG50)

Bild 5.1
Kühlrippen
vergrößern
die Oberfläche
des Getriebe-
gehäuses

Technisch gesehen liegen die Besonderheiten der Konstruktion im Aufbau der Kraftübertragungselemente. Im Vergleich zu Standard-hubgetrieben ist das Schneckenrad deutlich länger, um so eine Ad-dition der Wärmequellen entlang des Bewegungsgewindes zu ver-meiden. Wie erwähnt, besitzt das HMC eine Ölfüllung, die höhere Gleitgeschwindigkeiten an der Schneckenverzahnung ermöglicht und zusätzlich die Wärme optimal auf das gesamte Gehäuse verteilt. Durch zusätzliche Wellendichtringe wird das Getriebe sowohl oben als auch unten ideal abgedichtet und kann somit in jeder Einbaulage eingesetzt werden.

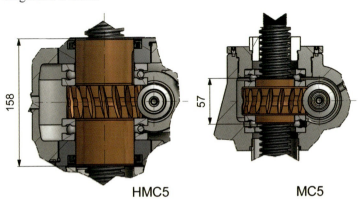

Bild 5.2
Schnecken-
radsätze HMC
und MC im
Vergleich

In der Standardausführung wird ein HMC-Getriebe mit einer gewirbelten Trapezgewindespindel[3] ausgeführt. Die Spindel wird separat zum Getriebe mit Fett geschmiert.

Durch die Möglichkeit der hohen Leistungsübertragung lassen sich Anwendungen erschließen, die zuvor nur schwer realisierbar waren. In Kombination mit Kugelgewindespindeln[4] kann ein Gesamtwirkungsgrad von über 70 % bei höchster Präzision und Wiederholgenauigkeit erreicht und außerdem höhere Lasten im Vergleich zu Kegelradhubgetrieben[5] bewegt werden.

5.1.3 Ausführungen

Es gibt für das HMC eine Grund- und Laufmutterausführung[6], wie bereits für andere Getriebebaureihen beschrieben.

5.2 Auslegungskriterien

Wie die kubische und klassische Bauform, ist das Hochleistungshubgetriebe Classic nicht auf Dauerfestigkeit ausgelegt und muss daher in Bezug auf die Zeitfestigkeit sorgfältig geprüft werden, damit kein vorzeitiger Ausfall innerhalb der zu erwartenden Lebensdauer eintritt. Im Einzelnen sollte die Überprüfung folgender Bauteile des Hubgetriebes erfolgen[7]:

- Festigkeitsprüfung der Spindel[8] (daher auf Einhaltung der zulässigen Zug-, Druck- oder Knickspannung unter Beachtung des vorliegenden Belastungsfalls und des Spindelmaterials)

- Vorhandene Flächenpressung[9] mit der zulässigen Flächenpressung vergleichen

---

3   Siehe Kapitel 3.1„Spindeln mit Trapezgewinde (DIN103)"
4   Siehe Kapitel 3.3 „Spindeln mit Kugelgewinde"
5   Siehe Kapitel 6
6   Vgl. zu Kapitel 4.1.2.1 „Funktionsweise der Grundausführung" und 4.1.2.2 „Funktionsweise der Laufmutterausführung"
7   Siehe hierzu auch Kapitel 2.4. „Komplette Hubanlagen"
8   Siehe Kapitel 3.4 „Spindelberechnung"
9   Siehe Kapitel 3.5.2.1 „Flächenpressung"

- bzw. bei einer Kugelgewindemutter die Ermittlung der zu erwartenden Lebensdauer über die dynamischen Tragzahl[10] C_{dyn}

- Berechnung der Tragfähigkeit der Schneckenverzahnung[11]

- Einschaltdauer pro Stunde aus der effektiven Laufzeit des Hubgetriebes zur Stillstandzeit berechnen und mit den maximal Werten vergleichen

$$ED = \left[\frac{HUB \cdot A_s}{600 \cdot v}\right]$$

ED	Einschaltdauer	[%/h]
HUB	Hubweg	[mm]
A_s	Anzahl der Lastspiele pro Stunde (Auf- und Abbewegung addieren)	
v	Hubgeschwindigkeit	[m/min]

Formel 5.1
Einschalt-dauer

- Höhere Umgebungstemperaturwerte und zusätzliche Erwärmung durch erhöhte Einschaltdauer berücksichtigen (gegebenenfalls Einschaltdauer und/oder Hubgeschwindigkeit anpassen)

Die hier genannten Faktoren lassen eine Vorauswahl der Getriebe zu. Bei komplexen Einbauweisen oder Belastungsfällen sind gegebenenfalls weitere Parameter hinzuzuziehen.

Die Ermittlung der erforderlichen Antriebsleistung P_{erf} am Hubgetriebe erfolgt über die Formel:[12]

$$P = M_1 \cdot \frac{n_1}{9550}$$

P	Leistung	[kW]
M_1	Antriebsdrehmoment	[Nm]
n_1	Antriebsdrehzahl	[min⁻¹]

Formel 5.2
erforderliche
Antriebsleis-tung

Der Gesamtwirkungsgrad η_{HE} setzt sich aus den Einzelwirkungsgraden der Spindel, der Schneckenverzahnung, der Lagerstellen und der Wellendichtringe zusammen. Durch die Flüssigkeitsreibung im Schneckengetriebe ergibt sich je nach Eingangsdrehzahl der

---

10   Siehe Kapitel 4.5 „Tragfähigkeitsnachweis für Schneckengetriebe"
11   Siehe Kapitel 3.6 „Muttern mit Kugelgewinde"
12   Siehe auch Formel 4.4

Schneckenwelle und der daraus resultierenden Gleitgeschwindigkeit ein variabler Gesamtwirkungsgrad η_{HE}.

Bei Modifikationen am Hubgetriebe muss der Gesamtwirkungsgrad η_{HE} für das Getriebe und die Modifikation gesondert berechnet werden.[13]

---

13   Siehe Kapitel 4.4 „Auslegungskriterien"

6   Schnellhubgetriebe

Inhalt

6.1   Einführung

Die Vorteile dieser Getriebebauart liegen vor allem in der hohen Hubgeschwindigkeit bei kleinen bis mittleren Hubkräften. Verwirklichen lässt sich diese Eigenschaft durch den Einsatz von einem einstufigen Kegelradsatz mit geringer Untersetzung in Kombination mit einer Trapez- oder Kugelgewindespindel.

Bild 6.1
Kegelrad-
hubgetriebe
mit Radsatz
und Spindel-
führungs-
buchse

Insgesamt gibt es drei gängige Baugrößen KH 090, KH 140, KH 230 mit den Kegelraduntersetzungen 1:1, 2:1 und 3:1. Bei der Untersetzung 1:1 ist zu beachten, dass jeweils nur eine Antriebs- und Abtriebswelle eingeplant werden kann, da ansonsten Ritzel und Rad die gleiche Größe besitzen und damit ineinandergreifen und sich gegenseitig blockieren. Aus diesem Grund ist eine Umlenkung um 90° hier nicht möglich.

 Ausführliche Informationen zu Baureihen, technischen Daten und möglichen Ausführungen sind in dem Katalog „Schnellhubgetriebe" enthalten.

6.1.1   Einsatzmerkmale

Die kompakte kubische Bauweise des Gehäuses ermöglicht alle Einbaulagen und bietet die Möglichkeit für einfache Befestigungen für gewünschtes Zubehör. Weiterhin ist bei den Getriebeuntersetzungen 2:1 und 3:1 durch die variable Anordnung der Antriebswellen kein zusätzliches Verteilergetriebe erforderlich, sodass sich mehrere Hub-getriebe einfach zu einer Hubeinheit kombinieren lassen.

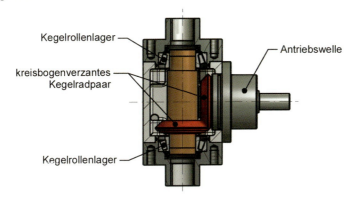

Bild 6.2
Schematisches
Schnittbild
von Kegelrad-
hubgetrieben

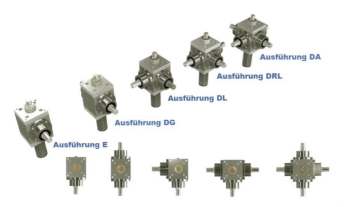

Bild 6.3
Variable
Eingangs-
bzw. Aus-
gangswellen
für Betrieb
in Huban-
lagen

Durch das Wegfallen des Verteilergetriebes können Platz und Kosten eingespart werden.

Bild 6.4
Hubanlage
mit Kegelrad-
hubgetrieben
spart Vertei-
lergetriebe
ein

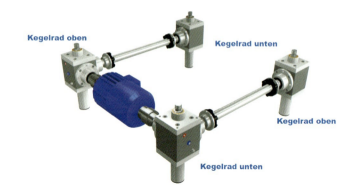

6.1.2 Konstruktionsmerkmale

Die Gehäuse bestehen in der Regel aus Grauguss[1] und sind allseitig bearbeitet. Die beidseitige axiale Lagerung der Spindel mittels
spielfrei eingestellter Kegelrollenlager[2] kann sowohl die auftretenden Druck- als auch Zugkräfte aus der axial linearen Hubbewegung
aufnehmen. Das Gehäuse dient als Aufnahme und Lagerung des An-
triebsritzels sowie des Kegelrades. Um eine möglichst hohe Laufruhe
und Tragfähigkeit zu gewährleisten, sind die Kegelradpaare mit einer
kreisbogenverzahnten[3] Verzahnungsgeometrie ausgestattet.

Bild 6.5
Kegelradsatz
mit Kreisbo-
genverzah-
nung

Bei den Untersetzungen 2:1 und 3:1 können bis zu drei weitere Ab-
triebsritzel montiert werden.

---

1   Nach EN-GJL 250
2   DIN ISO 355/DIN 720
3   DIN 58425

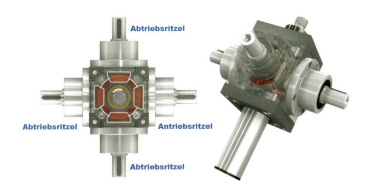

Bild 6.6
Bei Überset-
zung 1:1
blockieren
sich die Ke-
gelräder ge-
genseitig.
Hier wird
mit 2:1 aus-
geführt

Die Spindel muss bei axial hebenden Ausführungen, wie bei den anderen Getriebebauarten auch, gegen Verdrehen gesichert werden. Dies geschieht entweder per Nut und Feder oder mittels entsprechendem Schutzrohr, sofern die Anbauten nicht gegen Verdrehen sichern.

Abhängig von der Hubgeschwindigkeit und der eingesetzten Hubspindel wird Öl oder Fett eingesetzt.

Tabelle 6.1   Abhängigkeiten zwischen Drehzahl, Spindel und Schmierung
bei Kegelradhubgetrieben

Drehzahl	3000 min^{-1}	1500 min^{-1}
Spindel	KGT	TR
Schmierung	Öl	Fett

6.1.3 Ausführung

Wie schon in den vorhergehenden Kapiteln erläutert gibt es auch bei Schnellhubgetrieben zwei Ausführungen: die so genannte Grundausführung mit axial hebender Spindel und die Laufmutterausführung mit drehender Spindel.

6.1.3.1 Grundausführung

Durch einen rotatorischen Antrieb wird das Kegelrad angetrieben, welches seinerseits die Kraft an ein an der Mutter mit Trapezgewinde/Kugelgewinde befestigtes Kegelrad untersetzt. Die Mutter führt dadurch eine Drehbewegung aus, die eine lineare Hubbewegung der Spindel erzeugt.

Bild 6.7
Kegelrad-
hubgetriebe
in Grund-
ausführung

6.1.3.2 Laufmutterausführung

Durch einen rotarischen Antrieb wird das Kegelrad angetrieben, welches seinerseits die Kraft an das befestigte Kegelrad untersetzt. Die
Hülse führt dadurch eine Drehbewegung aus, die über eine formschlüssige Verbindung auf die Spindel übertragen wird. Auf der Hubspindel befindet sich eine Laufmutter, die durch die Rotation in eine
lineare Bewegung versetzt wird.

6.2 Auslegungskriterien

Die Auslegung von Schnellhubgetrieben in Bezug auf die erforderliche Größe, Betriebsfestigkeit sowie die Lebensdauer lässt sich nur
über die einzelne Ermittlung der **betroffenen Bauteile** realisieren.
Hier müssen die bereits in den vorherigen Kapiteln erwähnten Kriterien für Spindeln berücksichtigt werden:

- Sicherheit gegen Knicken bzw. zulässige Zugspannung
- Zulässige Flächenspannung am Gewinde
- Effektive Lebensdauer

Die Bestimmung der Getriebegröße erfolgt über die zu erwartende
Belastung[4] und die gewünschte Leistung. Wie auch bei den anderen
Getriebebauarten kann die Lebensdauer der Trapezgewindespindel
nur geschätzt werden.

Da der Vorteil der Schnellhubgetriebe in erster Linie bei Anwendungen in der **Automatisierung mit häufigen schnellen** Hub- und Last-

---

4   Siehe Katalog „Schnellhubgetriebe" Typenübersicht

wechseln liegt, bietet sich die Ausführung mit einer Kugelgewindespindel an.

Grundsätzlich sollte bei einer Hubanlage ein Antriebsschema erstellt
werden, in dem der genaue Verlauf der Drehmomente an den einzelnen Schnellhubgetrieben dargestellt und geprüft werden kann, um
eine Überlastung einzelner Bauteile zu vermeiden.

Die erforderlichen **Drehrichtungen sind zu überprüfen,** da zwischen den Drehrichtungen der An- und Abtriebswelle eine Drehrich-
tungsumkehr stattfindet.

Bild 6.9
Drehrich-
tungen am
Kegelrad-
hubgetriebe

Bild 6.10
Drehrich-
tungen in
der Kegel-
radhuban-
lage

Genauso wie auch bei Schneckenradgetrieben mit Ölfüllung nimmt der Wirkungsgrad mit zunehmender Drehzahl ab, zurückzuführen auf die Planschwirkung[5].

Beim Anlaufen einer Hubanlage wird aufgrund der Haftreibung ein höheres **Anlaufmoment** benötigt, welches durch den Motor ins Getriebe eingeleitet wird. Dadurch entsteht im Kegelradgetriebe eine hohe **Stoßbelastung** auf die im Eingriff befindlichen Zähne des Ritzels und des Rades. Es sollte daher eine Überbestimmung des Antriebsmotors unbedingt vermieden werden. Diese Stoßbelastung muss entweder rechnerisch bestimmt oder über einen entsprechenden Betriebsfaktor berücksichtigt werden. Alternativ könnte hier auch eine stoßabsorbierende Anlaufkupplung zum Einsatz kommen.

Bei Laufmutterausführungen sollte bei größeren Spindellängen und Drehzahlen unbedingt die **kritische Drehzahl der Spindel** kontrolliert werden.[6]

Aufgrund der hohen Hubgeschwindigkeit besitzen Spindeln einen gewissen Nachlauf in der Bewegung, der die rechnerisch nachweisbare Selbsthemmung überwindet. Aus diesem Grund sollte ein Antriebsmotor mit Haltebremse eingesetzt werden.

---

5   Verwirbelungen im Öl, die einen zusätzlichen Widerstand bewirken
6   Siehe Bild 4.22 bzw. Formel 4.1

Theater-Bühnenbau

Die Anforderung dieser Theaterbühne ist, verschiedene Bühnenprofile erschaffen zu können. Damit die Bühnenteile in der Tiefe nicht kippen, werden die Hubgetriebe mechanisch miteinander verbunden. Dass das entsprechende Moment auch am letzten Hubgetriebe ankommt, muss über die Schneckenwelle ein wesentlich höheres Moment übertragen werden, als eigentlich für die Hubbewegung eines Getriebes benötigt wird. Zusätzlich können die Hubstränge über Drehgeber elektronisch angesteuert werden und unterschiedlich hoch eingestellt werden.

Leistungsdaten:

Baugröße:	MJ4
Anzahl Getriebe:	100 Stk.
Max. Belastung pro Getriebe:	50.000 N
Max. Moment an der Schneckenwelle:	110,6 Nm

7 Verteilergetriebe

Inhalt

7.1   Einführung

Um in einer Hubanlage mit mehreren Hubgetrieben eine formschlüssige Kraftübertragung bzw. Drehmomentübertragung und **Synchronisierung** zu ermöglichen, werden Verteilergetriebe benötigt. Dabei spielen die Bauform und Baureihe für das Umlenken keine Rolle.

Bild 7.1
Kraftüber-
tragung in
einer Anlage
durch Kegel-
radgetriebe

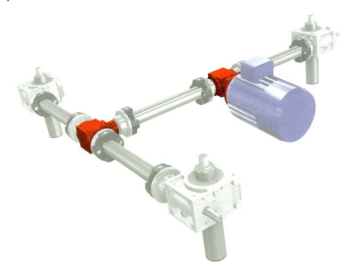

Das Konstruktionsprinzip beruht auf dem System der Kegelradgetriebe, daher erfolgt die Übertragung der Drehbewegung und des Drehmoments zu den einzelnen Hubgetrieben über ein Kegelradpaar mit einem Achsenwinkel von 90°. Je nach Anwendung können die Verzahnungsarten variiert werden, um hier die technisch beste Lösung auszuwählen.

Ausführliche Informationen zu Baureihen, technischen Daten und möglichen Ausführungen können auch aus dem Katalog entnommen werden.

7.1.1 Geradverzahnte Kegelradgetriebe

Geradverzahnte Kegelradgetriebe werden in der Regel nur bei kleineren Antriebsdrehzahlen und Antriebsleistungen verwendet, da der Überdeckungsgrad der Zähne beim Eingriff gering ist. Des Weiteren ergibt sich aus der Geometrie der Zähne kein geräuscharmer Bewegungsablauf. Die Vorteile von geradverzahnten Kegelradgetrieben liegen in dem **besseren Wirkungsgrad,** da die Lager nicht in radialer Richtung belastet werden. Zudem ist die Fertigung wesentlich **wirtschaftlicher.**

Bild 7.2
Geradver-
zahntes
Verteilerge-
triebe

In der Regel werden Kegelradgetriebe mit Geradverzahnung nur für **einfache Anwendungen** eingesetzt wie zum Beispiel handbewegte Verstellantriebe oder Schleusenanlagen. Allerdings finden sich auch andere Einsatzgebiete, in denen der Verschleiß und die hohe Geräuschentwicklung nicht weiter stören und nur der große Wirkungsgrad ausschlaggebend ist.

7.1.2 Schrägverzahnte Kegelradgetriebe

Schrägverzahnte Kegelradgetriebe können infolge des besseren Überdeckungsgrades und der größeren Laufruhe der Zahnräder **höhere Drehzahlen und Leistungen übertragen.** Allerdings werden hier durch die auftretenden Seitenkräfte die Lager auch radial belastet, was zu einem kleineren Wirkungsgrad führt. Die Schrägverzahnung weist eine bessere Grübchentragfähigkeit[1] und Zahnfußtragfähigkeit[2] auf.

Bild 7.3
Schrägverzahntes Verteilergetriebe

Da inzwischen die Möglichkeit besteht, kreisbogenverzahnte Profile genauso günstig zu fertigen wie schrägverzahnte, werden diese immer weiter vom Markt verdrängt.

7.1.3 Palloid-/Spiralverzahnte Kegelradgetriebe

Die am häufigsten verwendete Verzahnungsart ist die Palloid-Verzahnung. Bei dieser Art von Verzahnung sind die Außenflanken der Zähne stärker gekrümmt als die Innenflanken. Durch diese Balligkeit werden Radverlagerungen ausgeglichen und die **Laufruhe** der Verzahnung und damit auch die **Lebensdauer** erhöht. Radverlagerungen entstehen bei ungenauer Montage oder bei Überlastung und der daraus resultierenden Biegung der Welle.

---

1   Widerstandsfähigkeit gegen Werkstoffermüdung bezogen auf Flächenpressung, siehe WITTEL/MUHS S. 233 f.
2   Tragfähigkeit der Zähne bei Beanspruchung, siehe WITTEL/MUHS S. 233

Bild 7.4
Spiral-
verzahntes
Verteilerge-
triebe

Ein weiterer Vorteil ist die **konstante Zahnhöhe.** Daraus resultiert
ein hoher Überdeckungsgrad und damit eine hohe Teilungsgenauig-
keit. Durch die konstante Zahnhöhe ist das Getriebe weniger empfindlich gegen Verlagerungen und hat große Fußrundungsradien,
welche die Zahnfußtragfähigkeit erhöhen. Im Gegensatz zu anderen
Verzahnungen bleibt die Modulgröße bei Palloid-Verzahnungen über
die gesamte Zahnbreite nahezu konstant, was sich ebenfalls positiv
auf nicht optimal eingestellte Kegelradpaare auswirkt.

Spiralverzahnte Kegelradsätze können weiterhin nach der Form der
Flankenlängslinien[3] unterteilt werden. Daraus ergeben sich unterschiedliche Trageigenschaften.

7.2   Konstruktionsmerkmale

Die gängigen Kegelradgetriebe besitzen in der Regel Palloid-Verzahnungen und können nach Anforderung mit Untersetzungen von 1:1
bis zu 6:1 gefertigt werden. Bei kleineren Baugrößen sind aus geometrischen Gründen teilweise nur Untersetzungen bis 3:1 möglich.

---

3   Entnommen aus: KLINGELNBERG S. 14

Tabelle 7.1   Verteilergetriebe und deren Untersetzungen

Verteilergetriebe Übersicht							
Baugrößen	V065	V090	V120	V140	V160	V200	V260
Untersetzungsver-hältnis	1:1	1:1	1:1	1:1	1:1	1:1	1:1
	1,5:1	1,5:1	1,5:1	1,5:1	1,5:1	1,5:1	1,5:1
	2:1	2:1	2:1	2:1	2:1	2:1	2:1
	3:1	3:1	3:1	3:1	3:1	3:1	3:1
	4:1	4:1	4:1	4:1	4:1	4:1	4:1
	5:1	5:1	5:1	5:1	5:1	5:1	5:1
	6:1	6:1	6:1	6:1	6:1	6:1	6:1

Beim Einsatz von Kegelradgetrieben als Verteilergetriebe bzw. Umlenkgetriebe kann durch die Wahl einer günstigen Untersetzung und Drehzahl eine ökonomische Motorauslegung berücksichtigt werden und somit die Wirtschaftlichkeit der Hubanlage gesteigert werden.

Die Gehäuse werden serienmäßig aus Grauguss gefertigt und allseitig bearbeitet. Um Undichtigkeiten bei einem Betrieb mit Ölbad vorzubeugen, sind die Getriebe mit einer ölbeständigen Innenlackierung versehen. In der Regel weisen die Getriebe einen korrosionsbeständigen Grundanstrich auf.

Die Antriebswelle ist einseitig zweifach liegend gelagert, die Abtriebswelle ist zweiseitig an den gegenüberliegenden Gehäusewänden gelagert. Die Lagerungen sind so ausgelegt, dass sie sowohl die auftretenden Axial- als auch Radialkräfte aufnehmen können, die aus den Umfangskräften der Zahnräder resultieren.

Bild 7.5
Lagerung
der Antriebs-
und Abtriebs-
wellen

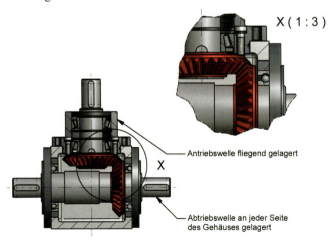

X (1 : 3)

X

Antriebswelle fliegend gelagert

Abtriebswelle an jeder Seite
des Gehäuses gelagert

Zusätzliche Radialbelastungen an den Wellen sollten vermieden werden, um einen erhöhten Verschleiß und damit vorzeitigen Ausfall des Getriebes zu vermeiden. Die Ritzel und Zahnräder sind in der Regel oberflächengehärtet und poliert. Alle Lager- und Laufflächen der Wellendichtringe sind zusätzlich noch drallfrei geschliffen.

Neben den hier beschriebenen Serienausführungen, mit normalen An- und Abtriebswellen, gibt es noch eine Vielzahl von weiteren Ausbau- und Erweiterungsmöglichkeiten wie bspw. verstärkte Wellen, Hohlwellen und Motorflansche. Ebenso lassen sich Werkstoffe und Oberflächenbehandlungen an die Anforderungen anpassen.

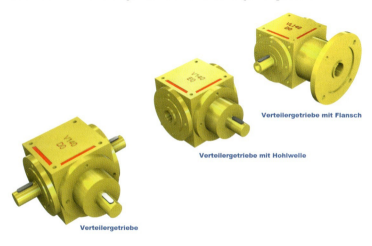

Bild 7.6
Verteiler-
getriebekon-
figurationen

Verteilergetriebe mit Flansch

Verteilergetriebe mit Hohlwelle

Verteilergetriebe

7.3   Auslegungskriterien

Die einzelnen Bauteile von Kegelradgetrieben werden ebenso wie die Teile von Hubgetrieben nach maschinenbautechnischen Regeln berechnet. Um die Berechnungen zu erklären, ist entsprechende Fachliteratur hinzuziehen. Dieses Buch beschränkt sich auf die Berechnungen, die für eine Auslegung notwendig sind. Grundsätzlich werden die Komponenten auf Zeit-Festigkeit und nicht auf Dauer-Festigkeit ausgelegt. Im Allgemeinen werden die Wellen auf zulässige Verdrehspannung, die Verzahnung auf Grübchentragfähigkeit und Zahnfußtragfähigkeit und die Kugellager auf eine ausreichende Lebensdauer geprüft.

Bei der Auslegung zur erforderlichen Antriebsleistung müssen grundsätzlich folgende Faktoren berücksichtigt werden:

- Betriebsfaktor; Motor (f_1)
- Anlauffaktor (f_2)
- Schmierfaktor (f_3)
- Umgebungstemperatur (f_4)
- Einschaltdauer (f_5)

Dabei unterscheidet man zwischen der erforderlichen mechanischen
Antriebsleistung und der erforderlichen thermischen Antriebsleistung. Die thermische Antriebsleistung spielt nur bei Schmierstoff-
temperaturen über 95 °C eine Rolle, daher muss unter Umständen die
Einschaltdauer reduziert werden.

Formel 7.1
erforderliche
mechanische
Antriebs-
leistung VG

$$P1_m = P_1 \cdot f_1 \cdot f_2 \cdot f_3$$

$P1_m$	mechanische Antriebsleistung	[kW]
P_1	effektive Antriebsleistung	[kW]
f_1	Betriebsfaktor	
f_2	Anlauffaktor	
f_3	Schmierfaktor (nur bei Schmierung mit Mineralöl)	

Formel 7.2
erforderliche
thermische
Antriebs-
leistung VG

$$P1_t = P_1 \cdot f_3 \cdot f_4 \cdot f_5$$

$P1_t$	thermische Antriebsleistung	[kW]
P_1	effektive Antriebsleistung	[kW]
f_3	Schmierfaktor (nur bei Schmierung mit Mineralöl)	
f_4	Umgebungstemperatur	
f_5	Einschaltdauer je Stunde	

Mit den Werten für [4]

Tabelle 7.2 f_1: Betriebsfaktor

Betriebsfaktor f_1					
Antriebsmaschine	Belastungs-gruppe	Betriebsstunden/Tag			
		<0,5	3	10	24
Elektromotor	G	0,80	0,90	1,00	1,25
Hydraulikmotor	M	0,90	1,00	1,25	1,50
Turbine	S	1,00	1,25	1,50	1,75
Verbrennungsmotor 4-6 Zylinder	G	0,90	1,00	1,25	1,50
	M	1,00	1,25	1,50	1,75
	S	1,25	1,50	1,75	2,00
Verbrennungsmotor 1-2 Zylinder	G	1,00	1,25	1,50	1,75
	M	1,25	1,50	1,75	2,00
	S	1,50	1,75	2,00	2,25

Gruppe G: geringe Belastung/ohne Stöße
Gruppe M: mittlere Belastung/leichte Stöße
Gruppe S: schwere Belastung/starke Stöße

Tabelle 7.3 f_2: Anlauffaktor

Anlauffaktor f_2				
Anläufe je Std.	bis 10	10-60	60-500	500-1500
f_2	1	1,1	1,2	1,3

Tabelle 7.4 f_3: Schmierfaktor

Schmierfaktor f_3				
	Syntheseöl Kegelradgetr. Schneckengetr.	Mineralöl Kegelradgetriebe	Schneckengetriebe Gr.	
			040 - 080	100 - 200
f_3	1,0	1,1	1,2	1,3

Tabelle 7.5 f_4: Temperaturfaktor

Temperaturfaktor f_4					
t_u °C	10	20	30	40	50
f_4	0,90	1,00	1,15	1,40	1,70

---

4   Entnommen aus: ATEK S. 1.1.9.

Tabelle 7.6 f_5: Einschaltdauerfaktor

Faktor f_5 - Einschaltdauer je Stunde					
ED in %	100	80	60	40	20
f_5	1,00	0,95	0,86	0,75	0,56

Die effektive Antriebsleistung P_1 errechnet sich aus

Formel 7.3
effektive An-
triebsleistung
VG

$$P_1 = \frac{M_1 \cdot n_2}{9550 \cdot \eta}$$

P_1	effektive Antriebsleistung	[kW]
M_1	Antriebsdrehmoment	[Nm]
n_2	Antriebsdrehzahl	[min^{-1}]
η	Wirkungsgrad ~ 0,94 - 0,98	

Grundsätzlich kann man für Kegelradgetriebe einen Wirkungsgrad $\eta \geq 0,94$ annehmen.

7.4   Berechnungsbeispiel

Eine Beispielaufgabe in diesem Fall geht mit der Auslegung eines Hubgetriebes einher. Es sollen ein passendes Verteilergetriebe sowie die erforderliche Leistung des Motors ermittelt werden.

Bild 7.7
Beispiel für
eine mögliche
Hubanlage
mit Verteiler-
getriebe

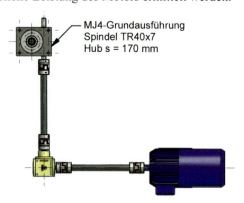

MJ4-Grundausführung
Spindel TR40x7
Hub s = 170 mm

Folgende Daten sind gegeben: Die Last beträgt F_{dyn} = 40 kN, der Hub s = 170 mm, die Hubgeschwindigkeit beträgt v = 1 m/min und die Anzahl der Lastspiele As = 35. Es soll ein Elektromotor eingesetzt werden. Die Umgebungstemperatur beträgt 50 °C.

Auf die Auslegung des Hubgetriebes wird nur so weit wie nötig eingegangen, für die genauere Berechnung siehe Kapitel 4 „Standardhubgetriebe".

Aufgrund der Belastung wird in diesem Beispiel ein kubisches Hubgetriebe der Größe MJ4 mit einer Trapezgewindespindel TR40x7 verwendet. Der Wirkungsgrad dieser Kombination beträgt $\eta_{HE} = 0,282$.

Zum Hubgetriebe:

$$ED \quad = \frac{170\text{ mm} \cdot 70}{60 \cdot 1000\text{ mm/min}} = 19,8\ \%$$

$$M_1 \quad = \frac{40\text{ kN}}{2 \cdot \pi \cdot 0,282} \cdot \frac{7}{7} + 0,34\text{ Nm} = 22,9\text{ Nm}$$

$$P_{erf} \quad = \frac{22,9\text{ Nm} \cdot 1000\text{ min}^{-1}}{9550} = 2,40\text{ kW}$$

$$n_1 \quad = 1000\text{ mm/min} \cdot \frac{7}{7\text{ mm}} = 1000\text{ min}^{-1}$$

Zum Verteilergetriebe:

$$P_1 \quad = \frac{22,9\text{ Nm} \cdot 1000\text{ min}^{-1}}{9550 \cdot 0,90} = 2,66\text{ kW}$$

Die Fälle f_1 bis f_5:

f_1: E-Motor mit 0,5h   : 0,8

f_2: As   = 70   : 1,2

f_3: Synthetisches Öl   : 1,0

f_4: $T_{amb.}$ = 50 °C   : 1,7

f_5: ED   = 19,8 % ≈ 20 % : 0,56

$P_{erf.\ mech}$ = 2,66 kW · 0,8 · 1,2 · 1,0 = 2,55 kW

Aufgrund der hohen Temperatur von 50 °C muss die erforderliche thermische Antriebsleistung überprüft werden

$P_{erf.\ therm.}$ = 2,66 kW · 1,0 · 1,7 · 0,56 = 2,53 kW

daher P_{erf} = 2,5 kW

In Leistungstabellen ein passendes Verteilergetriebe aussuchen.

V090 hat P = 2,54 kW[5] bei n = 3000 min^{-1}

Daher empfiehlt sich der Einsatz eines 2-poligen Motors mit 3 kW.

Sofern die Vorarbeit zur Erfassung der Antriebskriterien zuverlässig durchgeführt wurde, kann mit einer Lebensdauer von 10 000 h gerechnet werden.

7.5 Literatur

ATEK	„Produktkatalog – Rechtwinklige Kraftübertragung", Prisdorf: Atek Antriebstechnik Willi Glapiak GmbH, Stand 06.2010
KLINGELNBERG, Jan (Hrsg.)	„Kegelräder – Grundlagen, Anwendungen", Berlin: Springer Verlag, 2008
WITTEL, Herbert; MUHS, Dieter; JANNASCH, Dieter; VOßIEK, Joachim	„Roloff/Matek Maschinenelemente – Normung, Berechnung, Gestaltung", 21. Aufl., Wiesbaden: Vieweg+Teubner, 2013

---

5   Entnommen aus: GROB Katalog 3

8 Verbindungswellen und Kupplungen

Inhalt

8.1   Allgemeine Verbindungselemente

Verbindungswellen und Kupplungen werden zur formschlüssigen Übertragung von Drehbewegung und Drehmomenten innerhalb von Hubanlagen eingesetzt und haben die Aufgabe, die einzelnen Antriebselemente mit dem Antriebsmotor zu verbinden sowie Hubgetriebe einer Hubanlage zu synchronisieren. Zudem sollen die Verbindungselemente Anlaufstöße und Schwingungen dämpfen und axiale, radiale und winklige Verlagerungen ausgleichen.

Bild 8.1
Gelenkwelle
(links),
Verbindungs-
welle (mitte),
Klauenkupp-
lung

 Ausführliche Informationen zu Baureihen, technischen Daten und möglichen Ausführungen können auch aus dem Katalog entnommen werden.

8.2   Verbindungswellen

Verbindungswellen werden im Anlagenbau **als Hohlwelle ausgeführt.** Im Vergleich zu Vollwellen sind Hohlwellen nur wenig schlechter in der Torsionssteifigkeit. Hier sind dann die kostentechnischen Aspekte ausschlaggebend. Neben Material kann man durch das geringere Gewicht zusätzliche Lagerungen einsparen. Zudem neigen Vollwellen aufgrund der Massenträgheit zu zusätzlichen Schwingungen und Vibrationen, was dann bei hohen Drehzahlen auch zu einem enormen Geräuschpegel führt.

Das Drehmoment bestimmt sich aus dem Produkt aus Kraft und Hebelarm. Aus diesem Grund geht das Drehmoment in der Mitte der Welle gegen null, was es ermöglicht, hier Material wegzunehmen, ohne das übertragbare Moment wesentlich zu verringern.

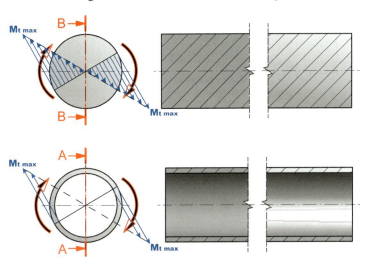

Bild 8.2
Wirkendes Moment an einer Vollwelle und an einem Rohr

Bei Anwendungen im nass- oder korrosionsgefährdetem Bereich können Gelenkwellen in rost- und säurebeständiger Ausführung eingesetzt werden.

8.2.1 Gelenkwellen GX/GX-Z

Zur Übertragung der Drehmomente über größere Abstände von Hubgetrieben haben sich besonders hochelastische Gelenkwellen bewährt, die aus einer früheren einfachen Wellen-Kupplungen-Stehlager-Lösung entstanden sind. Diese Gelenkwellenbaureihe wurde in zwei verschiedenen Ausführungen für Drehzahlen n = 1 500 min^{-1} (GX) und n = 3 000 min^{-1} (GX-Z) entwickelt und erfüllt alle für eine Hubanlage erforderlichen Bedingungen in Bezug auf Drehsteifigkeit, Vibrationsarmut, Dämpfung, mögliche Winkelverlagerungen und benötigt bis zu bestimmten Wellenlängen und Drehzahlen keine Stehlager. Bei großen Distanzen zwischen den Hub- und Kegelradgetrieben kann eine Zwischenlagerung an den Gelenkwellen vorgesehen werden, da die Durchmesser der dünnwandigen Gelenkwellenrohre auf die genormten Stehlagergrößen abgestimmt sind.

Bild 8.3
Gelenkwelle
mit Stan-
dardflansch
(rechts) und
mit Zentrier-
stück (links)
für hohe
Drehzahlen

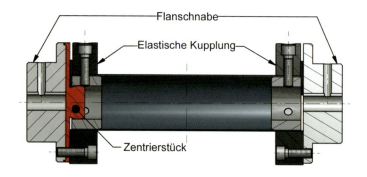

Die Auslegung der Gelenkwelle hängt von dem zu übertragenden Drehmoment sowie von der Drehzahl und Länge ab. Zur Auslegung der Welle in Bezug auf deren Einbaulänge wird die biegekritische Drehzahl verwendet.

Formel 8.1
Biege-
kritische
Drehzahl

$$n_{kr} = 1,21 \cdot 10^8 \cdot \frac{\sqrt{D^2 + d^2}}{L^2}$$

n_{kr}	Biegekritische Drehzahl	[min⁻¹]
D	Außendurchmesser	[mm]
d	Innendurchmesser	[mm]
L	Wellenlänge	[mm]

Für die Nachprüfung des übertragbaren Moments wird folgende allgemeingültige Formel verwendet.

Formel 8.2
Zulässiges
Drehmo-
ment für das
Gelenkwel-
lenrohr

$$M_t = W_p \cdot \tau_t$$

M_t	Zulässiges Drehmoment	[Nm]
W_p	polares Widerstandsmoment	[mm³]
τ_t	Torsionsspannung	[N/mm²]

Bei der Auslegung auf übertragbares Drehmoment ist zu beachten, dass hier lediglich die Rohre berechnet werden. Es sind aber trotzdem die maximalen Werte der Kupplungsstücke am Ende des Rohrs zu berücksichtigen.

Die Auslegung der Verbindungsrohre erfolgte gemäß dem im Maschinenbau üblichen Wert des Verdrehwinkels von ¼° pro laufenden Meter.

Je nach Type der Gelenkwelle „GX" und „GX-Z" ist der Einsatz bei Umgebungstemperaturen von -20 °C bis zu + 150 °C („GX-Z" max.

80 °C) möglich, wobei sich ab einer Temperatur von 80 °C der zu übertragende Drehmomentwert wesentlich verringert.

8.2.2 Verbindungswellen VR

Um für einfachere Anwendungen und Aufgabenstellungen im Bereich der linearen Antriebstechnik eine preisgünstigere Lösung bezüglich der Verbindung von Hub- und Kegelradgetrieben zu ermöglichen, wurde eine neue Typenreihe von Gelenkwellen entwickelt. Diese Verbindungswelle erfüllt die Bedingungen bezüglich **Drehsteifigkeit** und **Dämpfung** sowie einer etwas geringeren Winkelverlagerung und ist kostengünstiger zu fertigen sowie einfacher zu montieren.

Diese Baureihe wird unter der Bezeichnung VR Verbindungswelle geführt und ist bis zu einer maximalen Drehzahl von 1 500 min^{-1} sowie 245 Nm einsetzbar. Der Einsatztemperaturbereich geht von – 40 °C bis zu + 90 °C, kurzzeitig max. 120 °C.

Ein wesentlicher Unterschied zwischen der elastischen Gelenkwelle „ZR" und der hochelastischen Baureihe „GX" und „GX-Z" besteht vor allem in der Montage und Flexibilität. Die Baureihe „VR" verfügt über Klemmnaben, welche das Drehmoment mittels Reibschluss übertragen und nach der erfolgten Höhenjustierung der Hubgetriebe mit einer Sicherungsschraube zusätzlich gesichert werden. Außerdem können Verbindungswellen flexibler eingesetzt werden, da die Kupplungsnaben sich nicht auf eine formschlüssige Verbindung über Passfedernut begrenzen.

Bild 8.4
Verbin-
dungswelle
mit unter-
schiedlichen
Anschlussop-
tionen

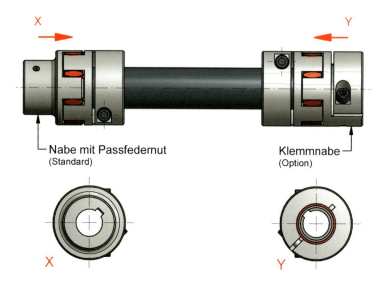

Bild 8.4 Verbindungswelle mit unterschiedlichen Anschlussoptionen

Für die Auslegung gelten die gleichen Bestimmungen wie für Gelenkwelen GX/GX-Z, wobei auch hier Katalogwerte vorhanden sind.

8.3 Kupplungen

Kupplungen haben die Aufgabe, die Antriebs- oder Abtriebswellen von Hubgetrieben, Verteilergetrieben und Motoren zu verbinden, sofern zwischen den Wellenenden nur kurze Abstände vorhanden sind. Es gibt die verschiedensten Ausführungen von Kupplungen, deren Funktionen die unterschiedlichsten Anwendungsfälle abdecken. In diesem Kapitel werden die zwei am häufigsten eingesetzten Typen behandelt.

8.3.1 Drehelastische Kupplungen

Bei drehelastischen Kupplungen werden die Drehmomente und Drehbewegungen mittels Formschluss übertragen. Die Verbindung wird über Kupplungsklauen realisiert, wobei zur Dämpfung von Drehmomentstößen ein elastischer Zwischenring eingesetzt wird. Der Zwischenring besitzt ferner die Funktion des Ausgleichens von Winkelverlagerungen oder Achsversätzen der zu verbindenden

Wellen. Durch unterschiedliche Materialien der Zwischenringe lassen sich die zulässigen Drehmomentwerte sowie der auftretende Verdrehwinkel innerhalb der Größe der Kupplungen beeinflussen. Als Material für die Kupplungen selbst wird neben der standardmäßigen Ausführung aus einer Aluminiumlegierung auch Grauguss, Stahl oder rostfreier Stahl eingesetzt.

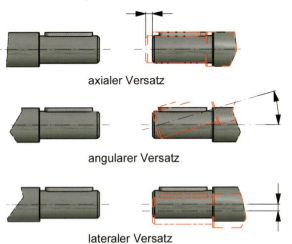

axialer Versatz

angularer Versatz

lateraler Versatz

Bild 8.5
Kupplungen müssen Versatz von Wellen ausgleichen

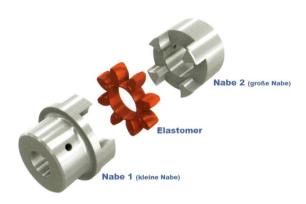

Nabe 2 (große Nabe)

Elastomer

Nabe 1 (kleine Nabe)

Bild 8.6
Klauenkupplung mit unterschiedlicher Konfiguration

Die Auslegung von drehelastischen Kupplungen erfolgt gemäß den in den Katalogen angegebenen zulässigen Drehmomentwerten sowie den Angaben über die maximal möglichen Winkel- oder Achsverlagerungen, wobei generell ein Anwendungs- und Betriebsfaktor zu berücksichtigen sind. Diese Faktoren richten sich nach der Art und Intensität der Beschleunigung, der Anzahl der Anläufe sowie der vorherrschenden Umgebungstemperatur. Aus Gründen einer vereinfachten Vorgehensweise kann im normalen Fall bei keinen außergewöhnlichen Betriebsbedingungen generell mit einem Betriebsfaktor von 2 die Auswahl der erforderlichen Kupplungsgröße bestimmt werden. Der Einsatztemperaturbereich der Kupplungen geht von – 40 °C bis zu + 90 °C, kurzzeitig max. 120 °C.

8.3.2 Drehelastische Überlastkupplungen

Um in besonderen Einsatzfällen Hubanlagen mit einem elektromechanischen Antrieb vor einer Überlastung oder einem Ausfall zu schützen, empfiehlt sich die Verwendung einer drehelastischen Überlastkupplung, die bei einer eventuellen plötzlichen Blockade den Antrieb vom dahinter angeordneten Antriebsstrang abkoppelt. In der Praxis hat sich gezeigt, dass einfache Überlastkupplungen, basierend auf dem Prinzip eines Reibschlusses, die Aufgabe der zuverlässigen Überwachung nur ungenügend erfüllen können. Die Gründe dafür liegen in den Reibbelägen, welche im Laufe der Zeit festkleben oder korrodieren. Im Überlastfall ist dann keine Garantie der Funktion gegeben.

Bild 8.7
Schnitt
einer
Rutsch-
kupplung

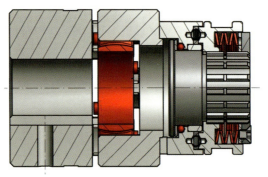

Des Weiteren kann ein unkontrolliertes Durchrutschen den Betriebs-
ablauf stören und eventuell zu einem noch größeren Störfall durch zu
hohe Wärmeentwicklung führen.

Deshalb bieten Überlastkupplungen mit gleit- und haftreibungsfreier
Konstruktion sowie elektrischer Abschaltung einen wesentlich besseren Schutz vor einer unbeabsichtigten Blockade und Überlastung. Da
die Einstellung des zu übertragenden Drehmoments über gehärtete
Kupplungsscheiben mittels Kugeln als Kraftübertragungselemente
erfolgt, bleibt das Rutschmoment nahezu konstant über die gesamte Lebensdauer der Kupplung und ermöglicht über die Kombination
mit einer elektrischen Abschaltung durch einen Endschalter eine sehr
hohe Funktions- und Betriebssicherheit. Bei einer Abschaltung im
Falle einer Betriebsstörung erfolgen ein automatisches Wiedereinras-
ten der Kupplung und Rückstellung auf Normalbetrieb.

> Überlastfälle können auch über die Steuerung kontrolliert und ver-
> hindert werden. Ein elektronischer Lastwächter kann die aufgenom-
> mene Wirkleistung des Antriebsmotors ermitteln und bei Überlas-
> tung oder höherer Nutzlast die Hubanlage abschalten.

8.4 Kardanische Gelenkwellen

Kardanische Gelenkwellen sind in der Lage, Drehmomente zwischen
winkelig zueinander stehenden Wellen zu übertragen. Diese werden
eingesetzt, sobald flexible Kupplungen nicht mehr die Funktion erfüllen.

Der bekannteste Vertreter der Gelenkwellen ist die Kardanwelle mit
zwei Kreuzgelenken. Der Einsatz von zwei Kreuzgelenken ist notwendig, um den so genannten Kardanfehler[1] auszugleichen. Beim
Einbau ist darauf zu achten, dass der Andrehwinkel dem Abdreh-
winkel entspricht. Die maximalen Drehzahlen sind begrenzt, da die
ungleichförmig umlaufende Zwischenwelle bezüglich Laufruhe und
Biegeschwingungen Beschränkungen aufweist.

---

1   Kardanfehler: Winkelgeschwindigkeit wird nicht gleichförmig, sondern sinus-
    förmig von Antriebs- zu Abtriebswelle übertragen. Daraus resultiert ein abwech-
    selnder Vor- und Nachlauf. Der Fehler kann durch ein entgegengesetzt eingebau-
    tes Kreuzgelenk aufgehoben werden.

Bild 8.8
Kardanwelle
mit Kreuzge-
lenken

Bei 0° beträgt der Wirkungsgrad η≈1. Mit steigendem Winkel sinkt der Wirkungsgrad der Kardanwelle. Der maximale Beugungswinkel pro Gelenk beträgt in der Regel ±35°.

Eine weitere Möglichkeit sind homokinetische Kugelgelenke, um eine Umlenkung zu realisieren. Diese Gelenke können Drehmoment und Winkelgeschwindigkeit gleichbleibend übertragen, wodurch Vor-/Nachlauffehler eliminiert werden. Allerdings sind sie deutlich komplexer und bedürfen einer kostenintensiven Fertigung. Der maximale Beugungswinkel beträgt hier ±50°.

Bild 8.9
Prinzip ho-
mokinetische
Kugelgelenke

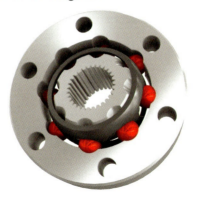

Für beide Wellentypen kann die kritische Drehzahl nach Formel 8.1 berechnet werden. Die maximale Drehzahl hängt aber zusätzlich noch von dem Beugewinkel der Gelenke ab. Hier kann als **Faustformel Beugewinkel · Drehzahl = 20 000** zugrunde gelegt werden.

9 Elektrohubzylinder

Inhalt

9.1 Einführung

Elektrohubzylinder werden in 3 verschiedenen Baugrößen sowie je 2 Bauarten gefertigt. Diese Bauarten unterscheiden sich dabei nicht nach Funktionsprinzip, sondern nach der Anordnung des Antriebs zur Spindel. Man unterscheidet zwischen koaxialer und paralleler Ausführung. Die maximale Belastung liegt zwischen 3 kN bis 40 kN.

9.1.1 Einsatzmerkmale

Höchste Flexibilität bzw. Ausbaufähigkeit und der sich ergebende hohe Nutzwert kennzeichnen diese Typenreihe. Elektrohubzylinder sind überwiegend für den industriellen Einsatz konzipiert und deshalb besonders robust und mit hohen Sicherheitsstandards ausgerüstet. Die hohe Wirtschaftlichkeit über alle Optionen wurde durch eine maximale Integration aller Funktionen im Design der Alu-Profile erreicht.

Die Flexibilität betrifft sowohl innenliegende als auch außenliegende Teile. Am Hubprofil können Befestigungsplatten, Endschalter, Reed-Kontakte, Hublängen etc. ohne Weiteres eingefügt werden. Zusätzlich kann im Hubprofil selbst die komplette Sensorik, das Spindelsystem, Getriebe und Motorisation integriert werden. Die Standardschutzart liegt hier bei IP54.

Bild 9.1
Elektrohub-
zylinder
und optionale
Anbauteile

9.1.2 Konstruktionsmerkmale

Das unverwechselbare Äußere von Elektrohubzylindern stellen, wie schon erwähnt, die Alu-Profile dar. Das Spindel-Mutter-System ist standardmäßig komplett gekapselt, und die Hubbewegung wird durch ein geschliffenes und hartverchromtes Präzisionskolbenrohr realisiert.

Das Kolbenrohr ist gegen Verdrehen gesichert, um auch ungeführte bzw. nicht gegen Verdrehen gesicherte Lasten bewegen zu können. Die selbstzentrierende Verdrehsicherung vermeidet unter Last unerwünschte innere Radialkräfte. Elektrohubzylinder können wahlweise mit Trapezgewinde- oder Kugelgewindespindel ausgestattet werden. Für Trapezgewinde kommen Bronze- bzw. Kunststoffmuttern zum Einsatz, wobei hier, wie auch bei Hubgetrieben, auf die Einschaltdauer geachtet werden muss. Für Kugelgewindespindeln können bis zu 100 % Einschaltdauer zugelassen werden, sofern die zulässigen Belastungsdaten berücksichtigt werden.

Durch den Einsatz von bis zu drei Planetengetriebestufen sowie diverser Steigungen der Spindel kann die Hubgeschwindigkeit individuell angepasst werden.

Bild 9.2
Planetengetriebe wie im Elektrohubzylinder eingesetzt

Der Antrieb kann mit Drehstrom-, Wechselstrom- und Gleichstrommotoren realisiert werden. Wesentlicher Faktor zur Auswahl der Motoren ist die benötigte Hubgeschwindigkeit und die damit zusammenhängende Antriebsleistung.[1] Die Standardmotoren sind im Alu-Profil integriert und besitzen eine Schutzart von IP54. Über einen

---

1 Siehe hierzu auch Kapitel 10 „Antriebsmotoren – elektrische Maschinen"

Servoflansch können die Hubzylinder auch mit Servomotoren angetrieben werden.

Die Gewindespindeln, Führungen und Lager sind mit einer Langzeitschmierung ausgestattet. Eine Nachschmierung sollte, je nach Umgebungsbedingungen, am Schmiernippel nach ca. 5 000 Doppelhüben erfolgen.

9.1.3 Ausführungen

Im Gegensatz zu Hubgetrieben unterscheiden sich die beiden Versionen (A und P) nicht in Laufmutter- oder Grundausführung. Bei Elektrohubzylindern kann die Gehäuseversion variiert werden in koaxiale oder parallele Ausführung. Damit kann der Zylinder, je nach vorhandenem Einbauraum, angepasst werden. Das Wirkungsprinzip bleibt dabei gleich. Im Hubprofil wird die Spindel in Rotation versetzt und die Mutter bewegt sich auf der Spindel. Ein Kolbenrohr, welches auf der Mutter verdrehgesichert montiert ist, führt dann die Hubbewegung aus.

Bild 9.3
Ausschnitt
Elektrohub-
zylinder

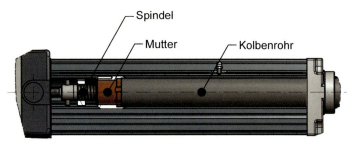

9.1.3.1 Koaxiale Ausführung

Bei dieser Ausführung werden der Motor und die zugehörigen Anbauteile, wie Bremse, Planetengetriebe, Geber oder Potentiometer, in Achse mit der Spindel angebaut. Der Motor treibt dabei direkt bzw. über ein 1-, 2- oder 3-stufiges Planetengetriebe die Spindel an.

Vorteil dieser Ausführung ist die Kosteneinsparung gegenüber der Parallelausführung. Da hier in der Spindelachse angebaut wird, fallen zusätzliche Teile für das Umlenken des vom Motor erzeugten Drehmoments weg. Nachteil ist aber, dass zusätzlicher Bauraum hinter dem Elektrohubzylinder eingeplant werden muss. Weiterhin können keine Befestigungen auf Motorseite angebracht werden, sofern es sich um einen Fremdmotor in Verbindung mit einem Servoflansch handelt.

Bild 9.4
koaxiale
Ausführung

9.1.3.2 Parallele Ausführung

Diese Ausführung besticht durch ihren kompakten Aufbau. Durch das Versetzen des Motors, parallel zur Spindelachse, beeinflussen die Motorlänge und zusätzliche Optionen am Motor die gesamte Baulänge nicht mehr. Die Kraftübertragung erfolgt über Zahnräder von Motor zu Spindel. Durch den Zusatzaufbau des Umlenkgehäuses kann am hinteren Ende des Zylinders weiterhin jeder Kopf angebracht werden, unabhängig davon, ob ein Fremdmotor oder ein Motor im Alu-Gehäuse verbaut wird. Nachteilig sind, wie bereits erwähnt, die höheren Kosten für eine parallele Umlenkung.

Bild 9.5
parallele
Ausführung

9.1.3.3 Anbaumöglichkeiten

Für die Anbringung des Antriebs steht eine breite Auswahl von Adaptern, Anschlüssen und Köpfen zur Verfügung.

a.   Spindelanschlüsse

Das **Gewindeende** wird häufig für starre Verbindungen zwischen Hubzylinder und Anlage verwendet. Bauseitig muss hier vom Anwender ein Gewinde vorgesehen werden. Die Sicherung der Verbindung wird über eine Kontermutter realisiert.

Für schwenkende Standardanwendungen können verschiedene Köpfe mit **Auge** eingesetzt werden. Darunter fallen Gelenkköpfe (N), Gabelköpfe (GK) und Kugelgelenkköpfe (G). Die Auswahl erfolgt dann je nach Anwendungsfall. Gelenk- und Gabelköpfe sind ausschließlich für Schwenkbewegungen gedacht, und Kugelgelenkköpfe können zusätzlich noch Lasten mit lateralem Winkelversatz aufnehmen.

Da Linearantriebe mit Spindeln sehr empfindlich auf Stöße und stoßartige Belastungen reagieren, wurde für Elektrohubzylinder ein **federnder Anschlusskopf** entwickelt. Hierfür sind in einem Profil mehrere Tellerfedern eingebettet und fangen so den Stoß auf. Um die Federwirkung auf die Belastung anzupassen, können Tellerfedern hinzugefügt oder weggelassen werden.

b.   Anschlusskonsolen für Aluprofil

Die **Schwenkaugen** am unteren Ende des Hubprofils bilden das Gegenstück zu den Schwenkköpfen. Ist der Zylinder beidseitig mit diesen Augen ausgestattet, ist er komplett schwenkbar.[2]

---

2   Wird der Zylinder in koaxialer Ausführung mit einem Fremdmotor bestückt, ist diese Befestigung nicht möglich.

Schwenkzapfen können seitlich am Hubprofil angebracht werden. Voraussetzung für die Schwenkzapfen ist eine bauseitige Aufnahme mit Schwenkbuchsen. Vorteil dabei ist, dass der Schwenkpunkt beliebig variiert werden kann. Für die koaxiale Ausführung können auch die Schwenkzapfen fix am Gussteil angebracht werden.

Für eine feste Anbindung des Zylinders dienen **Befestigungswinkel**. Da auch diese am Hubprofil befestigt werden, kann die Einbauhöhe des Zylinders variiert werden.

9.2   Auslegung

Die Wirkungsprinzipien von Elektrohubzylindern entsprechen Hubgetrieben in Laufmutterausführung. Daher kann bei der Auslegung des Spindelsystems auf Berechnungsgrundlagen aus „Kapitel 4.4 Auslegungskriterien" zurückgegriffen werden.

Bei der Auslegung des Elektrohubzylinder-Systems ist die Betrachtung umfangreicher, da hier zusätzlich noch Reibungswerte bei Führungen, Wirkungsgrade und Verzahnungsleistungsdaten, Schmierverhältnisse und abweichende Knickfälle zu berücksichtigen sind. Deshalb wurden zur Auswahl für die Zylinder Tabellen mit entsprechenden Leistungsdaten ausgearbeitet.

Tabelle 9.1 Leistungsdaten EZ10

Auswahlkriterien EZ10 mit Motor 230/400V, Planetengetriebe und Trapezspindel							
Index	Motor-dreh-zahl	Motor-leis-tung	Hubge-schwin-digkeit	Über-set-zung	Spindel	max. Zug-kraft	ED
	n_1 [min^{-1}]	P_1 [kW]	[mm/s]		[mm]	[N]	[%]
EZ10	1300	0,12	130	1:1	Tr12x6	420 (0,9[1])	30
		0,12	86	1:1	Tr12x4	520 (0,9[1])	30
		0,12	65	1:1	Tr12x3	590 (0,9[1])	30
		0,12	43	1:1	Tr12x2	640 (0,9[1])	30
		0,12	30	4,3:1[2]	Tr12x6	1500 (0,9[1])	30
		0,12	20	4,3:1[2]	Tr12x4	1900 (0,9[1])	30
		0,12	15	4,3:1[2]	Tr12x3	2100 (0,9[1])	30
		0,12	10	4,3:1[2]	Tr12x2	2300 (0,9[1])	30
		0,06	7	18,9:1[2]	Tr12x6	3000 (0,45[1])	40
		0,06	5	18,9:1[2]	Tr12x4	3000 (0,4[1])	40
		0,06	3,5	18,9:1[2]	Tr12x3	3000 (0,33[1])	40
		0,06	2,5	18,9:1[2]	Tr12x2	3000 (0,3[1])	40
		0,06	1,5	82,3:1[2]	Tr12x6	3000 (0,12[1])	50
		0,06	1	82,3:1[2]	Tr12x4	3000 (0,1[1])	50
		0,06	0,8	82,3:1[2]	Tr12x3	3000 (0,1[1])	50
		0,06	0,5	82,3:1[2]	Tr12x2	3000 (0,1[1])	50
	[1] erforderliches Motordrehmoment [Nm] bei jeweils max. Hubkraft [2] 4,3:1 = 1 stufig 18,9:1 = 2 stufig 82,3:1 = 3 stufig							

Auswahlkriterien EZ10 mit Motor 230/400V und 230V ~, Planetengetriebe und Kugelgewindetrieb							
Index	Motor-dreh-zahl	Motor-leis-tung	Hubge-schwin-digkeit	Über-set-zung	Spindel	max. Zug-kraft	ED
	n_1 [min^{-1}]	P_1 [kW]	[mm/s]		[mm]	[N]	[%]
EZ10	2700	0,06	117	1:1	K8x2,5	160 (0,08[1])	100
		0,06	27	4,3:1[2]	K8x2,5	260 (0,04[1])	100
		0,06	6	18,9:1[2]	K8x2,5	430 (0,02[1])	100
		0,06	1,5	82,3:1[2]	K8x2,5	700 (0,01[1])	100

[1] erforderliches Motordrehmoment [Nm] bei jeweils max. Hubkraft

[2] 4,3:1 = 1 stufig
   18,9:1 = 2 stufig
   82,3:1 = 3 stufig

Tabelle 9.2   Leistungsdaten EZ20

Auswahlkriterien EZ20 mit Motor 230/400V, Planetengetriebe und Trapezspindel							
Index	Motor-dreh-zahl	Motor-leis-tung	Hubge-schwin-digkeit	Über-set-zung	Spindel	max. Zug-kraft	ED
	n_1 [min^{-1}]	P_1 [kW]	[mm/s]		[mm]	[N]	[%]
EZ20	1380	0,50	184	1:1	Tr20x8 P2	1100 (3,4[1])	30
		0,50	138	1:1	Tr20x6 P2	1200 (3,4[1])	30
		0,50	92	1:1	Tr20x4	1400 (3,4[1])	30
		0,50	69	1:1	Tr20x3	1500 (3,4[1])	30
		0,50	43	4,3:1[2]	Tr20x8 P2	4000 (3,4[1])	30
		0,50	32	4,3:1[2]	Tr20x6 P2	4400 (3,4[1])	30
		0,50	21	4,3:1[2]	Tr20x4	5300 (3,4[1])	30
		0,50	16	4,3:1[2]	Tr20x3	5500 (3,4[1])	30
		0,50	10	18,9:1[2]	Tr20x8 P2	14500 (3,3[1])	30
		0,50	7,3	18,9:1[2]	Tr20x6 P2	15000 (3,0[1])	30
		0,50	4,8	18,9:1[2]	Tr20x4	15000 (2,6[1])	30
		0,50	3,6	18,9:1[2]	Tr20x3	15000 (2,5[1])	30
		0,25	2,2	82,3:1[2]	Tr20x8 P2	15000 (0,9[1])	50
		0,25	1,7	82,3:1[2]	Tr20x6 P2	15000 (0,8[1])	50
		0,25	1,0	82,3:1[2]	Tr20x4	15000 (0,7[1])	50
		0,25	0,8	82,3:1[2]	Tr20x3	15000 (0,7[1])	50

[1] erforderliches Motordrehmoment [Nm] bei jeweils max. Hubkraft

[2] 4,3:1 = 1 stufig
   18,9:1 = 2 stufig
   82,3:1 = 3 stufig

Tabelle 9.2   Fortsetzung

Auswahlkriterien EZ20 mit Motor 230/400V, Planetengetriebe und Kugelgewindespindel							
Index	Motor-dreh-zahl	Motor-leis-tung	Hubge-schwin-digkeit	Über-set-zung	Spindel	max. Zug-kraft	ED
	n_1 [min^{-1}]	P_1 [kW]	[mm/s]		[mm]	[N]	[%]
EZ20	1380	0,25	115,0	1:1	K16x5	750 (0,75[1])	100
		0,25	27,0	4,3:1[2]	K16x5	1200 (0,35[1])	100
		0,25	6,0	18,9:1[2]	K16x5	2000 (0,15[1])	100
		0,25	1,4	82,3:1[2]	K16x5	3200 (0,07[1])	100

[1] erforderliches Motordrehmoment [Nm] bei jeweils max. Hubkraft

[2] 4,3:1 = 1 stufig
18,9:1 = 2 stufig
82,3:1 = 3 stufig

Tabelle 9.3 Leistungsdaten EZ30

Auswahlkriterien EZ30 mit Motor 230/400V, Planetengetriebe und Trapezspindel							
Index	Motor-dreh-zahl	Mo-tor-leis-tung	Hubge-schwin-digkeit	Über-setzung	Spindel	max. Zug-kraft	ED
	n_1 [min^{-1}]	P_1 [kW]	[mm/s]		[mm]	[N]	[%]
EZ30	1400	1,5	186	1:1	Tr32x8 P2	2200 (9,5[1])	15
		1,5	140	1:1	Tr32x6	2500 (9,5[1])	15
		1,5	93	1:1	Tr32x4	2700 (9,5[1])	15
		1,5	70	1:1	Tr32x3	2800 (9,5[1])	15
		1,5	50	3,7:1[2]	Tr32x8 P2	7100 (9,5[1])	15
		1,5	38	3,7:1[2]	Tr32x6	7800 (9,5[1])	15
		1,5	25	3,7:1[2]	Tr32x4	8500 (9,5[1])	15
		1,5	19	3,7:1[2]	Tr32x3	8700 (9,5[1])	15
		1,5	13	14,1:1[2]	Tr32x8 P2	24000 (9,5[1])	15
		1,5	10	14,1:1[2]	Tr32x6	25600 (9,5[1])	15
		1,5	6,6	14,1:1[2]	Tr32x4	27500 (9,5[1])	15
		1,5	5	14,1:1[2]	Tr32x3	29000 (9,5[1])	15
		0,75	3,5	52,7:1[2]	Tr32x8 P2	40000 (5,2[1])	50
		0,75	2,6	52,7:1[2]	Tr32x6	40000 (4,7[1])	50
		0,75	1,8	52,7:1[2]	Tr32x4	40000 (4,3[1])	50
		0,75	1,3	52,7:1[2]	Tr32x3	40000 (4,2[1])	50

[1] erforderliches Motordrehmoment [Nm] bei jeweils max. Hubkraft

[2] 3,7:1 = 1 stufig
    14,1:1 = 2 stufig
    52,7:1 = 3 stufig

Tabelle 9.3 Fortsetzung

Auswahlkriterien EZ30 mit Motor 230/400V, Planetengetriebe und Kugelgewindespindel							
Index	Motor-dreh-zahl	Mo-tor-leis-tung	Hubge-schwin-digkeit	Über-setzung	Spindel	max. Zug-kraft	ED
	n_1 [min^{-1}]	P_1 [kW]	[mm/s]		[mm]	[N]	[%]
EZ30	1400	0,50	117,0	1:1	K25x5	2200 (2,2[1)])	100
		0,50	32,0	3,7:1[2)]	K25x5	3400 (1,1[1)])	100
		0,50	8,3	14,1:1[2)]	K25x5	5300 (0,6[1)])	100
		0,50	2,2	52,7:1[2)]	K25x5	8200 (0,3[1)])	100
		0,75	234,0	1:1	K25x10	2900 (5,8[1)])	60
		0,50	64,0	3,7:1[2)]	K25x10	4500 (2,9[1)])	100
		0,50	16,5	14,1:1[2)]	K25x10	7000 (1,4[1)])	100
		0,50	4,5	52,7:1[2)]	K25x10	11000 (0,7[1)])	100

[1)] erforderliches Motordrehmoment [Nm] bei jeweils max. Hubkraft

[2)] 3,7:1 = 1 stufig
14,1:1 = 2 stufig
52,7:1 = 3 stufig

Die Leistungsdaten der Motoren beziehen sich auf den Standardmotor im Hubzylinder. Davon abweichende Motoren sind, im Rahmen der angegebenen Leistung, möglich. Bei steigender Geschwindigkeit sinkt die verstellbare Last, um unter der Leistungsgrenze zu bleiben. Aufgrund von Knickung kann bei steigendem Hub die maximal zulässige Last sinken.

Spaceshuttle Buran im Technikmuseum Speyer

Für die Verstellung der Landeklappen beim Spaceshuttle werden Elektrohubzylinder der Firma Grob eingesetzt. Durch die kompakte Bauweise und hohe Präzision kann der Anwender, in diesem Fall das Technikmuseum Speyer, seine zu verstellende, Last selbst bei geringen Platzverhältnissen, optimal ansteuern.

Leistungsdaten:

Baugröße:	EZ30
Hubgeschwindigkeit:	13 mm/s
Verstellkraft:	11.000 N
Hub:	160 mm
Motorleistung:	0,75 kW

10 Antriebsmotoren (elektrische Maschinen)

Inhalt

10.1 Einführung

Die Bewegung in der linearen Antriebstechnik wird in den überwiegenden Fällen, sofern kein Handbetrieb vorliegt, durch Antriebsmotoren (elektrische Maschinen) erzeugt. Diese leiten über die anzutreibenden Elemente ein Drehmoment ein, welches entweder als Drehbewegung in der Anlage bestehen bleibt oder über ein Getriebe in eine lineare Bewegung umgewandelt wird. Motoren benötigen für die Erzeugung von Drehmomenten eine Stromquelle. Um die häufigsten Typen in der Antriebstechnik einzuschränken, wird unterschieden zwischen Kraftstrom (Drehstrom) und Einphasenstrom (Wechselstrom). Kraftstrom betrifft vor allem die Motoren, der Einphasenstrom jedoch wird überwiegend für die Steuerungsmodule verwendet. Steuerungen werden in diesem Kapitel nicht behandelt, da dieses Feld zu umfangreich ist.

Dieses Kapitel dient zur Übersicht und zur Vorauswahl der passenden Antriebsmotoren sowie wichtiger Aspekte, welche bei der Auslegung beachtet werden sollten, wobei hier lediglich die häufigsten Typen zur Anwendung kommen.

10.2 Auslegung

Die Auslegung und Bemessung der erforderlichen Stromkabel und Zuleitungen für den Antriebsmotor sowie die Steuerung erfolgen in Deutschland nach VDI VDE 0298-4. Bei der bauseitigen Auswahl der Vorabsicherung der Antriebsmotoren muss der Anzugsstrom (Induktionsstrom) des Motors bekannt sein, da dieser beim Einsatz von Drehstrom-Kurzschlussläufermotoren 3- bis 7-mal höher als der Nennstrom liegt.

Bei der Auslegung und dem Anschluss von Elektromotoren sollte ferner nach EN 60034-5 beachtet werden, dass die auf dem Typenschild des Motors angegebene Leistung die Wellenleistung P_2 (abgegebene Leistung) des Motors ist und die aufgenommene elektrische Leistung P_1 über den Motorwirkungsgrad η errechnet werden muss.

Die verschiedenen Bauformen der Antriebsmotoren sind in der DIN EN 60034-7 (VDE 0530, Teil 7) gemäß ihrer Ausführung sowie ihrer Einbaulage und charakteristischen Merkmale genormt. Des Weiteren sind die Schutzarten der Gehäuse über einen IP-Code (International

Protection) nach IEC 60529 (DIN VDE 0470, Teil 1) und IEC 60034-5 (DIN VDE 0530, Teil 5) festgelegt, sodass für die unterschiedlichsten Einsatzfälle genaue Vorgaben bezüglich der Beschaffenheit der elektrischen Maschinen bestehen.

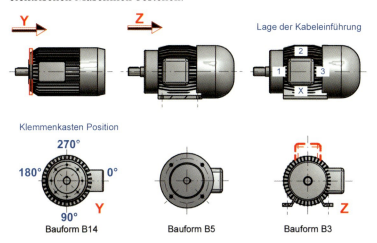

Bild 10.1
Standard-Motorbau-formen

Tabelle 10.1 Übersicht der Schutzarten nach DIN

Schutzartenübersicht nach VDE 0710 DIN 40050			
Erste Kenn-ziffer	Schutz gegen das Ein-dringen von Fremdkör-pern	Zweite Kenn-ziffer	Schutz gegen Wasser
0	nicht geschützt	0	nicht geschützt
1	Schutz gegen Eindringen von festen Fremdkörpern mit einem Durchmesser > 50 mm	1	Schutz gegen senkrecht tropfendes Wasser
2	Schutz gegen Eindringen von festen Fremdkörpern mit einem Durchmesser > 12,5 mm	2	Schutz gegen tropfendes Wasser mit 15° Neigung
3	Schutz gegen Eindringen von festen Fremdkörpern mit einem Durchmesser > als 2,5 mm	3	Schutz gegen Sprühwasser
4	Schutz gegen Eindringen von festen Fremdkörpern mit einem Durchmesser > als 1 mm	4	Schutz gegen Spritzwasser
5	staubgeschützt	5	Schutz gegen Strahlwasser
6	staubdicht	6	Schutz gegen starkes Strahl-wasser
		7	Schutz gegen zeitweiliges Untertauchen
		8	Schutz gegen andauerndes Untertauchen
			Eine zusätzlich angegebene Zahl bedeutet die maximale Tauchtiefe in Metern.
		9K	Schutz gegen sehr intensi-ven Wasserstahl, z.B. Hoch-druck-Dampfstrahlreiniger bei Fahrzeugen.

Weiterhin bestehen auch gesonderte Normen und Vorgaben für den Einsatz von Antriebsmotoren in explosionsgefährdeten Bereichen, wobei diese in verschiedene Zonen unterteilt sind. In den jeweiligen Zonen bestehen bestimmte Richtlinien, um eine ungewollte Reaktion mit der Umwelt und den Bauteilen zu verhindern.

Tabelle 10.2 Übersicht ATEX-Spezifikation für Motoren, auch allgemein gültig

	Kategorie 1		**Kategorie 2**		**Kategorie 3**	
Gefahr	Ständig, häufig, oder über längere Zeit		Gelegentlich		Selten und kurzzeitig	
Anforderung	Sehr hohe Sicherheit		Hohe Sicherheit		Normale Sicherheit	
Zone	Zone 0	Zone 20	Zone 1	Zone 21	Zone 2	Zone 22
Stoffgruppe	G Gas	D Staub	G Gas	D Staub	G Gas	D Staub

Weitere Auslegungskriterien von Antriebsmotoren sind die verschiedenen Betriebsarten S 1 bis S 10, nach IEC 600034-1, DIN EN 60034-1 (VDE 0530, Teil 1), der Einfluss der Aufstellungshöhe und Umgebungstemperatur sowie die vorherrschende Stromspannung und Frequenz.

Tabelle 10.3 Betriebsarten von S1 - S10

Kurzzeichen	Beschreibung	M-/P-Diagramm	notwendige Zusatzangaben
S1	Dauerbetrieb mit konstanter Belastung		
S2	Kurzzeitbetrieb		Belastungsdauer

Tabelle 10.3 Fortsetzung

Kurzzei-chen	Beschrei-bung	M-/P-Diagramm	notwendige Zusatzangaben
S3	Periodischer Aussetzbe-trieb		rel. ED in % (bezogen auf 10 min)
S4	Periodischer Aussetz-betrieb mit Einfluss des Anlaufvor-ganges		rel. ED in % Schaltspiele pro Stunde Trägheitsmo-ment
S5	Periodischer Aussetz-betrieb mit Einfluss des Anlaufvor-ganges und elektrischer Bremsung		rel. ED in % Schaltspiele pro Stunde Trägheitsmo-ment Hochlauf- und Auslaufzeit
S6	Ununter-brochener periodischer Betrieb		rel. ED in % (bezogen auf 10 min)

Tabelle 10.3 Fortsetzung

Kurzzeichen	Beschreibung	M-/P-Diagramm	notwendige Zusatzangaben
S7	Ununterbrochener periodischer Betrieb mit elektrischer Bremsung		Schaltspiele pro Stunde
			Trägheitsmoment
			Hochlauf- und Auslaufzeit
S8	Ununterbrochener periodischer Betrieb mit Last- und Drehzahländerungen		Schaltspiele pro Stunde
			Trägheitsmoment
			Hochlauf- und Auslaufzeit
S9	Betrieb mit nichtperiodischen Last- und Drehzahländerungen		Schaltspiele pro Stunde
			Trägheitsmoment
			Hochlauf- und Auslaufzeit
S10	Betrieb mit einzelnen konstanten Belastungen		

10.2.1 Bestimmung der Motorleistung

- dynamische Hubkraft $\mathbf{F_{dyn}} = \mathbf{m} \cdot \mathbf{g}$ in **kN** (g = 9,81 m/s² wobei vereinfacht 10 m/s² angenommen wird)
- erforderliche Antriebsdrehzahl

Formel 10.1
erforderliche
Antriebsdreh-
zahl in Bezug
auf die erfor-
derliche Hub-
geschwindig-
keit

$$n = \frac{v_{Hub}}{P_h} \cdot i$$

n	Antriebsdrehzahl	[min⁻¹]
v_{Hub}	Hubgeschwindigkeit	[mm/min]
P_h	Steigung	[mm]
i	Übersetzung	

- Antriebsmoment der Anlage

Formel 10.2 [1]
vorhandenes
Antriebsdreh-
moment

$$M_{ges} = \frac{\dfrac{F}{2 \cdot \pi \cdot \eta_{Hg}} \cdot \dfrac{P_h}{i} + M_L}{\eta_{Anl}}$$

M_{ges}	Antriebsmoment der Anlage	[Nm]
F	Hubkraft	[kN]
η_{Hg}	Wirkungsgrad Hubgetriebe	
P_h	Spindelsteigung	[mm]
i	Übersetzung	
M_L	Leerlaufdrehmoment	[Nm]
η_{Anl}	Wirkungsgrad Anlage (Kupplungen, Gelenkwellen, Verteilergetriebe usw.)	

- Aus dem Antriebsdrehmoment und der erforderlichen Antriebsdrehzahl ergibt sich die Formel zur Bestimmung der Motorleistung P_M

Formel 10.3 [2]
erforderliche
Antriebs-
leistung

$$P_M = \frac{M_{ges} \cdot n_1}{9550}$$

P_M	Motorleistung	[kW]
M_{ges}	Antriebsmoment der Anlage	[Nm]
n_1	Antriebsdrehzahl	[min⁻¹]

---

1   Siehe Formel 4.3
2   Siehe Formel 4.4

10.2.2 Beschleunigungsleistung

Bei **hochdynamischen Antrieben** mit großen Hubgeschwindigkeiten, z.B. v > 10 m/min sowie hohen Beschleunigungswerten muss
zur Bestimmung der Motorleistung zusätzlich zur Leistung aus der
Lastbewegung noch die Beschleunigungsleistung P_a addiert werden,
wobei dieser Fall bei Hubgetrieben eher selten auftritt.

$P_{M\,ges} = P_M + P_a$ **in kW**

wobei $P_a = n \cdot J \cdot \Delta n / 9{,}12 \cdot 104 \cdot t_a$ [kW]

n = Drehzahl   [min^{-1}]

Δn = Differenzdrehzahl   [min^{-1}]

J = Gesamtträgheitsmoment   [kgm^2]

t_a = Beschleunigungszeit   [s]

Formel 10.4
Beschleuni-
gungsleistung

10.3 Drehstrommotoren mit Käfigläufer

Drehstrommotoren mit Käfigläufer sind die am häufigsten eingesetzten Motoren und werden serienmäßig in 2- 4- 6- und 8-poliger Ausführung mit Nenndrehzahlen von 3 000-1 500-1 000 und 750min^{-1} von
allen führenden Elektromotorenherstellern angeboten und geliefert.
Motoren mit hoher Polzahl, wie 8, 10 und 12 Pole werden wegen der
hohen Fertigungskosten kaum eingesetzt. Ihre Stelle nehmen meistens Getriebemotoren in Stirnrad- oder Kegelradgetriebeausführung
ein, da diese wesentlich preisgünstiger sind, da ein 2- oder 4-poliger

Drehstromnormmotor als Antriebsquelle dient und dieser gegenüber höheren Polzahlen wirtschaftlicher ist.

Die Charakteristik von Drehstrommotoren weist im mittleren Leistungsbereich der Standardausführung einen Wirkungsgrad von ca. 80% sowie ein sehr günstiges Anzugs- zum Nennmoment auf. Dies bedeutet, dass in der Regel für den Anlauf und Start einer Hubbewegung das 2-fache Nennmoment des Motors zur Verfügung steht und eine Auslegung nach der Formel der erforderlichen Motorleistung P_M für die Bestimmung von Hubanlagen mit Hubgetrieben und integriertem Schneckengetriebeantrieb genügt. Der auftretende Reibungsverlust von ca. 30 % während der Anlaufphase der Hubanlage wird somit vom 2-fachen Anzugsmoment des Motors vollständig abgedeckt.

Serienmäßig werden Drehstrommotoren in oberflächengekühlter Ausführung in der Schutzart IP 54, Isolierstoffklasse „B", nach DIN 57530, Teil 1, für eine höchstzulässige Dauertemperatur von 130 °C ausgeführt. Hierbei ist wichtig, dass die angegebene Nennleistung des Motors für einen Dauerbetrieb S1 entsprechend DIN 57530, Teil 1, für eine maximale Umgebungstemperatur von 40 °C sowie für eine Aufstellungshöhe von 1 000 m über/NN gilt.

Abweichende Anforderungen an die elektrischen Maschinen, wie beispielsweise ATEX-Spezifikation, ausländische Vorschriften und Zulassungen, geänderte Schutzart, Kondenswasserbohrungen, Ausführung mit Bremse, 2. Wellenende, Bremse und 2. Wellenende, Kaltleiterschutz, Stillstandsheizung, können zur Erfüllung dieser Anforderungen angebaut werden.

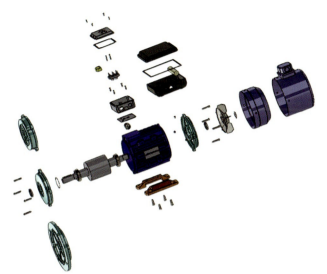

Bild 10.3
Explosions-
darstellung
Drehstrom-
motor

Neben der Ausführung mit nur einer Polzahl gibt es auch die Möglichkeit, Motoren polumschaltbar auszuführen. Mit den Polzahlen
4/2, 8/4, 12/6, 6/2, 6/4, 8/2 usw. können verschiedene Nenndrehzahlen mit einem Motor ohne Frequenzumrichter realisiert werden.

10.4 Einphasenmotoren

Bei Einphasenmotoren handelt es sich um elektrische Maschinen,
welche mit einem Einphasenstrom (Wechselstrom) und einer Spannung von ca. 230 V aus dem Netz betrieben werden. Dies bedeutet
eine generelle Begrenzung der maximal möglichen Abtriebsleistung
auf 4 kW, da sonst die Absicherung des Stromnetzes von 16 Ampere
überschritten wird.

Einphasenmotoren spielen aus diesem Grund in der elektromechanischen linearen Antriebstechnik keine große Rolle, zumal sie in der
Standardausführung, ohne zusätzlichen Anlauf- und Betriebskonden-
sator, nur ein geringes Drehmoment in der Startphase besitzen. Erst
die Kombination mit einem zusätzlichen Kondensator und integriertem Anlaufrelais bzw. Fliehkraftschalter ermöglicht einen Einsatz für
industrielle Zwecke und stellt das erforderliche Anlaufmoment des
1,5-fachen Motor-Nennmomentes zur Verfügung.

Der Einsatz von Einphasenmotoren in Standardausführung ist daher auf Anlagen mit kleinen Antriebsleistungen sowie einem lastfreien oder lastarmen Anlaufverhalten begrenzt, da in der Startphase des Motors nur ein wesentlich geringeres Moment als das Betriebsmoment zur Verfügung steht.

Trotzdem gibt es Anwendungen im gebäudetechnischen Bereich, wie Hub- und Senkanlagen für Türen und Fenster, Schwimmbadabdeckungen, Windschutz und vieles mehr, in denen sich der Einsatz von Einphasenmotoren in der Ausführung „EAR", mit Anlaufkondensator und Anlaufrelais bestens bewährt haben.

Serienmäßig werden Einphasenmotoren ebenfalls wie Drehstrommotoren in der Schutzart IP 54 und Isolierstoffklasse „B", nach DIN 57530, Teil 1, für eine höchstzulässige Dauertemperatur von 130 °C ausgeführt. Dies gilt auch für die verschiedenen möglichen Bauformen sowie den Anbau einer Bremse, sofern dies erforderlich sein sollte.

Natürlich gibt es neben den vorstehend beschriebenen Motoren in Dreh- und Einphasenstromausführung noch spezielle Motorkonstruktionen, wie Gleichstrom-, Schritt-, Topf-, Tauch-, Schiffs-, Reluktanz -, Linear- oder Schleifringläufer-Motoren, welche jedoch in der elektromechanischen linearen Antriebstechnik kaum Anwendung finden, sich aber in Nischenbereichen und Sondereinsatzgebieten des Maschinen-, Schiffs- oder Fahrzeugbaus einen entsprechenden Marktanteil erschlossen haben.

10.5 Regelbare Antriebsmotoren

Einen immer bedeutenderen Platz nehmen jedoch im Fachgebiet der linearen Antriebstechnik „regelbare Antriebsmotoren" ein, wie das nachfolgende Kapitel zeigt. Die permanente Weiterentwicklung auf dem Gebiet der elektrischen Steuerungen hat dazu geführt, dass normale Drehstrommotoren mit Hilfe von Frequenzumrichtern und der Änderung der Stromfrequenz in ihrer Drehzahl geregelt werden können und somit zu einer ökonomisch und ökologisch optimalen Antriebseinheit entwickelt werden konnten. Einzige Voraussetzung für die Motoren ist der Einbau von Temperaturfühlern in die Motorwicklungen, um eine Überhitzung des Motors zu vermeiden, sowie eine Erhöhung der Isolierstoffklasse von „B" auf „F" oder „H". Über die

Änderung der Stromfrequenz wird eine Regelung der Drehzahl erzielt, wodurch sich Lastspitzen oder Überlastungen vermeiden lassen und die Motornennleistung optimal genutzt werden kann. So kann bei kleinerer Belastung die Hubgeschwindigkeit erhöht und umgekehrt bei größerer Last die Geschwindigkeit verringert werden. Besonders günstig wirken sich ein sanftes Anfahren und Abbremsen des Antriebsmotors auf die Lebensdauer aller nachfolgenden Antriebselemente aus.

Während Hubanlagen mit einem zentralen Antriebsmotor hauptsächlich mit Drehstrommotoren ausgerüstet werden, findet man bei dezentralen Anwendungen sowie Einzelhubantrieben und Elektrozylindern unterschiedliche Arten von regelbaren Antriebsmotoren. Über den Einsatz eines „Mastermotors", welcher die Parameter für die weiteren Motoren (Slaves) vorgibt, lassen sich beliebig viele Antriebe zu einer Einheit verketten, wobei über dezentrale Stromrichter die einzelnen Motoren mit integrierten Drehgebern exakt auf den Mastermotor abgestimmt werden können.

Fordern Sie bei Bedarf unsere Kataloge an!